JN098917

パワー
エレクトロニクス

佐久川 貴志 [著]

Power Electronics

森北出版

まえがき

　パワーエレクトロニクス (power electronics) は，パワーデバイス (power device) とよばれる電力用半導体素子を用いた電力変換技術を指す．我々の周りにはパワーエレクトロニクスを用いた製品・システムに満ちあふれている．モバイル機器から家電機器，電気自動車やハイブリッド自動車，電車，航空機，火力発電，水力発電，太陽光や風力などの発電システム，と例を挙げるときりがないほどである．

　現代社会を支えているパワーエレクトロニクス技術の歴史を振り返ると，固体エレクトロニクス時代の幕開けといえる 1947 年のトランジスタの発明に引き続いて，1957 年に発明開発されたスイッチングパワーデバイスであるサイリスタ (thyristor) の出現により，パワーエレクトロニクス技術が急速に展開してきたといえる．

　日本は天然のエネルギー資源に乏しいため，石油や天然ガスといったエネルギー資源の大部分を輸入に頼っている．そのためか，国内の電気機器メーカはエネルギーを大切に利用する優れた省エネ技術を培ってきたように思う．パワーエレクトロニクスは，単なる電力の変換だけでなく，効率よくエネルギーを変換したり回生したりする，省エネルギー技術ともいえよう．

　今日の家電機器やハイブリッド電気自動車，電気自動車がパワーエレクトロニクス技術に支えられていることはイメージしやすく広く知られているが，医療機器や生産機器の駆動回路にパワーエレクトロニクス技術が活躍し，我々の生活を支えていることは意外と知られていないのではないだろうか．たとえば，先進の医療機器である X 線 CT の高電圧電源や視力矯正に用いるエキシマレーザの電源装置，工作機械や産業用ロボットの駆動制御用のサーボモータ，エレベータなどの昇降機のモータ制御には，パワーエレクトロニクス技術は不可欠のものである．さらに，コンピュータのプロセッサやメモリーを製造する半導体リソグラフィーとよばれる超微細加工装置のレーザ励起回路にも，パワーエレクトロニクス技術が活躍しており，情報化社会を推進している．

　本書は，4 年制大学の学部専門課程や短期大学や工業高等専門学校などにおける電気系で学ぶ学生，メーカなどの企業に勤務する若い技術者を対象にした，パワーエレクトロニクスの初歩的なテキストとして書いた．大部分の大学のカリキュラムでパワーエレクトロニクスは 90 分 15 コマの授業で 2 単位の科目となっており，本書もそ

れを意識した分量とした．しかし，パワーエレクトロニクスの技術範囲は前述のカリキュラムでは網羅できるものではない．パワーエレクトロニクスが固体エレクトロニクス，電気・電子回路，電気機器，電力工学，制御工学等の科目を基礎として成り立っていて，内容が広範囲になるためである．

　本書は，序章を除く全体を 7 章構成としている．第 1 章ではパワーエレクトロニクスのメインパーツである種々のパワー半導体デバイスの動作特性について，第 2 章ではそれらパワーデバイスの駆動回路について説明する．第 3 章から第 6 章までは，それらを用いた整流回路やインバータなどの基本回路について説明する．そして，第 7 章では，6 章までの関連性を考慮しながら幅広い応用技術について頁数を割いて記述した．このように，パワーエレクトロニクスの基本技術と応用分野とのつながりを意識した構成にした．基本部分のパワースイッチング技術はパワーエレクトロニクスの最重要部分と位置づけ，できるだけ詳述し，コンバータやインバータなどの回路動作は単純化して標準的な学生にとって理解しやすい平易な解説にした．

　また，これから現場で電気機器の製造や保守などに取り組まれようとしている若い技術者にとっては，パワーエレクトロニクス技術の基礎を固めるための入門書として利用できる内容とした．

　さらに掘り下げた専門学習のために巻末に参考文献を挙げたので，本書を読んだ後には，そちらの専門書にも取り組まれることをお勧めする．

　本書の執筆にあたって多くのパワーエレクトロニクスに関する類書，文献，メーカの技術資料を参考にさせていただきました．ここに敬意と感謝の意を表します．

　また，本書の内容について，さまざまな角度から有益なご意見をくださった，近畿大学教授の喜屋武毅先生，大分高専准教授の上野崇寿先生，香川高専助教の山下智彦先生に感謝いたします．

　そして，本書執筆のお話を森北出版の村瀬健太氏からいただいて 3 年が経過しようとしています．この間同氏には辛抱強く執筆をサポートしていただき，出版に尽力していただき，深謝いたします．

2020 年 9 月

佐久川　貴志

目　次

序 パワーエレクトロニクスとは

　パワー (power) は電力を意味し，エレクトロニクス (electronics) は電子工学を意味する．それでは，**パワーエレクトロニクス** (power electronics) とはどのような学問（技術）領域を指すのか．簡単にいえば，**パワーデバイス** (power device) とよばれる電力用半導体素子を用いて，電気エネルギーを負荷が要求する電力形態に変換する，電力変換技術を指す．

　図 0.1 は，1973 年にニューウェル (W. E. Newell) が示した有名な図で，パワーエレクトロニクスをわかりやすく体系化している．まず，大きな項目として，

① 電力
② 半導体
③ 制御

の三つがある．さらに，それぞれ項目ごとに附随して，静止器と回転機，デバイスと回路，連続と離散がある．この体系化は現在でも通用するものであり，パワーエレクトロニクスの分野を理解するうえで大変便利である．

　①の電力での静止器には，変圧器，リアクトル，コンデンサなどがあり，これらは電力の効率良い変換，品質向上や安定な輸送に寄与している．回転機には，高速鉄道

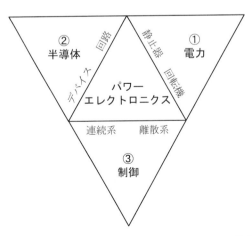

図 0.1　ニューウェルによるパワーエレクトロニクスの構成領域

に代表される新幹線や電動化が進んでいる自動車のモータなどがある.

　②の半導体でのデバイスには,トランジスタに代表されるスイッチングデバイスと,整流などに用いられるダイオードの半導体固体デバイスがある.回路は,半導体固体デバイスを中心に構成された回路を指している.

　③の制御は,おもにスイッチングデバイスのオン / オフのタイミング指令の生成や,変換された電力の出力状態を解析的に,アクティブかつインテリジェントに連続制御とデジタル制御することをいう.

0.1　パワーエレクトロニクスの成り立ちと歴史

　1900 年代初頭に,ド・フォレスト (Lee De Forest) による電気信号を増幅できる能動素子三極管(真空管のアノードとカソードに第三の電極であるグリッド挿入したもの)の発明などがあり,電子工学が無線や通信技術を中心に進展し始めた.当時,三極管は,電話通信,ラジオ,レーダなどの開発にとって,非常に重要なデバイスであった.この時代がエレクトロニクスの黎明期であろう.

　1948 年に,ベル研究所のバーディーン (J. Bardeen),ブラッテイン (W. H. Brattain),ショックレー (W. B. Shockley Jr.) によって,半導体固体素子**トランジスタ** (transistor) が開発された.この出現により,トランジスタが三極管に取って代わり,エレクトロニクス技術は急展開していく.三極管やトランジスタは,おもに電気信号の電流増幅に用いられていた.一方,大きなパワーを扱う分野では,水銀整流器やサイラトロン管が用いられていた.

　1950 年代に開発された整流ダイオードと,1957 年にゼネラル・エレクトリック (GE) 社のヨーク (R. A. York) らによって開発された**サイリスタ** (thyristor) の登場によって,固体素子による大電力を扱うパワーエレクトロニクスが進展していく.GE 社は SCR (Silicon Controlled Rectifier) の登録商標でサイリスタを販売していたが,現在ではサイリスタに呼称が統一されている.サイリスタは,水銀整流器に比べ,高速スイッチングが可能でかつ電圧降下が少ない.さらに,半導体固体素子であるため,メンテナンスフリーで使用できる.その後,サイラトロン管や水銀整流器などの放電を用いたデバイスが,サイリスタなどの固体デバイスに代替されていくことになる.

　しかし,サイリスタには能動的にオフする自己消弧能力がなかったため,自己消弧能力のあるパワートランジスタが開発された 1970 年代中頃から,それらがインバータなどに使用されるようになってきた.この頃に,自己消弧能力をもつ GTO (gate-turn-off) **サイリスタ**が開発され,大電力に対応できるデバイスとして電力

変換装置に使用されてきた．さらに，高速スイッチングが可能な IGBT (insulated gate bipolar transistor) やパワー MOSFET (metal oxide semiconductor field effect transistor) が開発され，現在の高速大容量の電力変換機器に適用されている．

　大電力を扱うデバイスの発展の一方で，集積回路 (IC) 技術が飛躍的に進展して，LSI，VLSI，さらには ULSI につながっていき，それまで大型だったコンピュータに匹敵する処理能力をもつマイクロプロセッサが製作されるようになった．電力変換の制御回路にもマイクロプロセッサが採用されるようになり，高度な制御システムによりパワーエレクトロニクス分野は顕著な発展を遂げ，電力や交通などの社会インフラのほか，家電などの民生品の高度化にも大きく貢献してきた．

　以上のような，パワーエレクトロニクスに関係するデバイス開発や実用化の変遷をまとめると，図 0.2 のようになる．

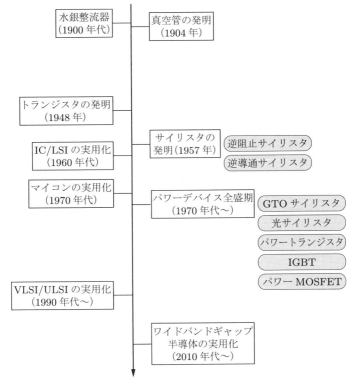

図 0.2　パワーエレクトロニクスに関連するデバイス開発と実用化の歴史

　パワーデバイス開発は，電気エネルギーをいかに効率良く便利に所望の電力形態に変換するかという目的で変遷してきた．本章の冒頭でも述べたが，パワーエレクトロニクス技術は，図 0.3 に示すように，半導体デバイスを用いた電力変換装置でさまざまな電気エネルギーを使いやすい電力形態に変換する技術であるといえる．

図 0.3　パワーエレクトロニクス技術を用いたエネルギー変換

0.2　パワーエレクトロニクスの関連分野

　ダイオードやトランジスタなどの半導体デバイスの登場により，パワーエレクトロニクス技術は飛躍的な発展を遂げ，それに関連する利用分野は，電力，各種電源，輸送，通信，家電製品，医療機器など，現代社会の隅々にまで入り込んでいる．こうしたパワーエレクトロニクスの発展を支えた各種パワー半導体デバイスの動作特性や使い方といった基礎の部分からパワーデバイスを利用した回路については，第 2 章から第 6 章で述べていく．

　表 0.1 に，パワーエレクトロニクス技術の利用分野と代表的な応用例をまとめる．電力システムにおいては，発電で回転エネルギーや光エネルギーなどから電気エネルギーへの変換，さらに送電電圧への変換や受電，需要家の使いやすい電圧への変換システムがある．生産設備においては，電気エネルギーを，加工装置やロボットを動かす力学的エネルギーを得るうえで最適な電力に変換している．電源装置においては，交流から直流，または直流から交流など，さまざまな電力形態に変換している．そのほかに，輸送システムや通信，家電，医療機器に至るまで，最適な電力制御のためのパワーエレクトロニクス技術が浸透している．このように，多岐にわたり，我々の生活に関わりをもち，不可欠なものとなって，我々の生活を支えていることがうかがえるだろう．こうしたパワーエレクトロニクス技術の応用について具体的には，第 7 章で，身近な電源装置，輸送システム，家電，電力，産業や医療機器まで細かく取り上げる．

表 0.1　パワーエレクトロニクスの利用分野と応用例

利用分野	代表的な応用例	イメージイラスト
電力システム	発電	
	送電	
	受電	
	変電	
生産設備	加工装置	
	FA ロボット	
	搬送機器	
電源	AC/DC コンバータ	
	無停電電源装置	
	組込電源	
輸送	電鉄	
	自動車	
通信	トランスミッタ	
	受信機	
家電	エアコン	
	冷蔵庫	
	洗濯機	
	照明	
医療	MRI	
	X 線 CT	
	角膜除去レーザ	

0.3　パワーエレクトロニクスの進展

　パワーエレクトロニクスは，確立された学問体系をもつ電磁気学などに比べると，日々進化を続けている新しい学問および技術であるといえる．パワーエレクトロニクスの主役はパワー半導体デバイスであり，このデバイスが進化してきたおかげで応用領域が広がり，電源機器の小型化，運送機器の高性能化，家電や電力機器の省エネルギー化とインテリジェント化が格段に向上し，我々の生活を豊かにしてきたといえる．

　この先，パワーエレクトロニクスはどのような技術と結びつき，どのような技術展開があるのだろうか．核となるパワーデバイスを取り巻く技術の進展とパワーエレクトロニクスのトレンドを図 0.4 に示す．第 1 章で詳述するように，MOS ゲート構造のデバイスの登場によって高速スイッチングが可能で扱いやすいデバイスが普及し，さらにドライブ回路や保護回路などを IC 化した**インテリジェントパワーモジュ**

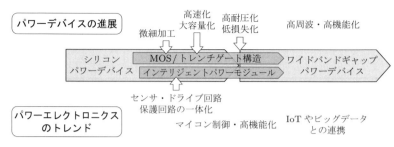

図 0.4　パワーデバイスを取り巻く技術の進展

ールへと展開していく．その背景には，微細加工技術のパワーデバイスへの適用で大容量化と高速化が進み，マイコンの高速化も手伝って高機能化が進んだことがある．将来の展望としては，現在実用化開発が活発なワイドバンドギャップ半導体（SiC，GaN，ダイヤモンド）がシリコン半導体に替わるとすれば，高耐圧・低損失デバイスが主流となり，さらなる省エネルギー化による低炭素化社会への貢献が期待される．また，パワーエレクトロニクスのトレンドとしては，IoT (internet of things) やビッグデータを用いたシステムに浸透していき，さらなる高機能化への対応が求められると考えられる．

0.4　本書の構成

　本書はこのあと，第 1 章で，半導体の基礎から pn 接合ダイオードの動作，各種ダイオードについて説明する．その後，各種スイッチングデバイスの構造と特性について詳述する．また，現在主流の半導体材料であるシリコンに変わる新しい半導体材料のワイドバンドギャップ半導体についての特徴と技術展望を述べる．

　続く第 2 章では，これらパワー半導体デバイスのより良い利用をするための駆動技術と保護方法について説明する．第 3 章では，交流から直流を取り出すための基本的な整流回路について，ダイオードとサイリスタの例を交えて説明する．第 4 章では，スイッチングデバイスを用いた昇降圧直流チョッパ回路，サイクロコンバータとマトリックスコンバータについて動作解析を交えて説明する．第 5 章では，パワーエレクトロニクス技術では必須といってよい，インバータについて説明し，交流への電力変換回路例を紹介する．簡単なインバータからマイコン制御による複雑なインバータ回路まで細かく述べていく．そして第 6 章では，直流 / 交流変換のインバータとは逆の交流 / 直流の電力変換回路のコンバータについて説明する．

　最後に第 7 章では，パワーエレクトロニクス技術の具体的な応用先として活躍してる分野について紹介する．

1 パワー半導体デバイス

この章の目標

・半導体の動作を理解すること.
・各種ダイオードの動作原理と各種スイッチングデバイスの動作原理を理解すること.
・各種スイッチングデバイスの特徴を理解し,動作領域を把握すること.

　本章では,パワーエレクトロニクスで最も重要な**パワー半導体デバイス** (power semiconductor device) について詳述する.文字どおり,半導体材料で作製された電力を変換するデバイスであり,エレクトロニクス全盛の今日では,単に**パワーデバイス** (power device) ともよばれることが多い.

1.1 半導体とは

　半導体 (semiconductor) とは,導体と絶縁体の中間的な物質である.半導体には,信号の増幅や非常に低い電圧・電流のオン / オフのスイッチング制御をする微小なものから,大電力を制御するものまで,さまざまな形態で存在する.基本的には,同じ半導体材料で作製されており,小さなものから大きなものまで動作原理は同じである.

　なお,本節は,半導体工学,固体エレクトロニクスや電子回路で学んだ内容と重なる部分が多いかもしれない.しかし,パワーエレクトロニクスを学ぶうえでは欠かすことのできない内容であるので,すでに前述の科目を履修済みの読者も復習の意味でもしっかり学んで欲しい.

1.1.1 真性半導体

　電気材料には,導体から絶縁体に至る抵抗率の異なるさまざまな材料がある.それらの代表的な材料を抵抗率の順に並べてみたものを**図1.1**に示す.半導体の抵抗率は,導体と絶縁体の中間の値をもつ.代表的な半導体材料として,シリコン (Si) やゲルマニウム (Ge) がある.

　この半導体の電気的性質を理解するうえで,原子の結合状態を知らなければならな

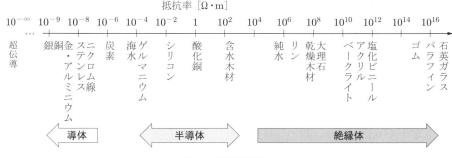

抵抗率 [Ω・m]

図 1.1 物質の抵抗率

い．原子は，正の電荷をもつ原子核と，その原子核を取り巻く軌道に存在する負の電荷をもつ電子からなる．通常，原子価とその外周軌道の電子数は同じで，電気的に中性を保っている．最外周軌道の電子を**価電子** (valence electron) とよぶ．価電子は，最も高いエネルギーをもつ電子であり，原子どうしが結びつく結晶や化学反応において，手 (bond) の役割を果たす．半導体で重要なのは，各原子が価電子を共有して強く結び付く**共有結合** (covalent bond) である．

図 1.2 に共有結合の模式図を示す．隣どうしの原子がお互いに結合の手を出し合って共有結合することで，最外殻電子が 8 個となり，安定になっている．シリコンやゲルマニウムはⅣ族の原子で 4 個の価電子をもち，図 1.2 に示すように，電子対が共有されたきれいな結晶構造をつくる．この場合，価電子は，原子核との強い結び付きがあるため，少々の電界では移動しない．シリコンだけ，あるいはゲルマニウムだけからなる，このような不純物を含まない半導体を**真性半導体** (intrinsic semiconductor) という．真性半導体では，どの価電子も移動しにくいため，電気伝導は起こりにくい．

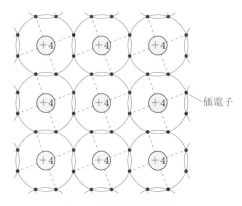

図 1.2 共有結合の模式図

　しかし，光，X線などの高エネルギーの電磁波，高電界，高温加熱などにより，外部からエネルギーを与えると，いくつかの価電子は**自由電子** (free electron) となり，価電子が抜けた箇所は**正孔** (hole) となる．自由電子が生じたことで，結晶の電気伝導性が高まる．**図1.3** (a) に，電気伝導性が生じた結晶中の自由電子と正孔の動く様子を示す．自由電子は動き回ることができ，正孔となった箇所に再び電子が入り，束縛電子となる．自由電子や正孔のような電荷移動の担い手を**キャリヤ**という．

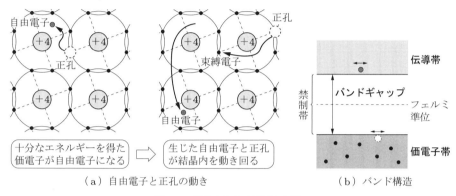

<table>
<tr><td>十分なエネルギーを得た価電子が自由電子になる</td><td>⇒</td><td>生じた自由電子と正孔が結晶内を動き回る</td></tr>
</table>

（a）自由電子と正孔の動き　　　　　（b）バンド構造

図1.3　結晶内の自由電子と正孔

　図1.3 (b) は，結晶のバンド構造である．価電子のもつエネルギーバンドを**価電子帯** (valence band) という．自由電子は価電子より高いエネルギーをもっており，それら自由電子の存在するエネルギーバンドを**伝導帯** (conduction band) という．伝導体と価電子帯のエネルギーギャップ (energy gap) を**バンドギャップ** (band gap) とよぶこともある．シリコンの場合はこのギャップが 1.1 eV と小さく，外部からのエネルギーで電気的性質が変化しやすいといえる．

1.1.2　n形半導体とp形半導体

　前項のシリコンやゲルマニウムなどの真性半導体にV族の元素を不純物として添加すると，**図1.4**のように，1個電子が余ってしまう．この電子は弱い拘束力で結合されているに過ぎないため，わずかの電界や常温でも自由電子になり得て，結晶内を移動する．一方，添加した元素は結晶格子に拘束された1価の陽イオンとなる．このような結晶構造をもつ半導体を**n形半導体**といい，自由電子を供給してくれる不純物として添加した元素のことを**ドナー** (donor) という．代表的なドナー元素としては，リン (P)，アンチモン (Sb)，ヒ素 (As) などがある．n形半導体では，ドナーと同数の高密度の自由電子が存在し，正孔は少ない．したがって，電子が多数キャリヤとな

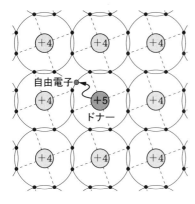

図1.4　n形半導体の模式図

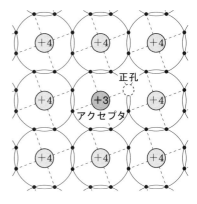

図1.5　p形半導体の模式図

り，正孔は少数キャリヤである．

　一方，真性半導体にⅢ族の元素を不純物として添加すると，**図1.5**に示すように，価電子が3個なので最外殻に1個の空席ができる．電子の空席は正孔となり，ほかから電子を取り込みやすい状態である．正孔はわずかな電界でも他所から電子を取り込み，新たな正孔をつくり出す．その繰り返しによって電荷移動を起こす．一方，添加した元素は結晶格子に拘束された陰イオンとなる．このような結晶構造をもつ半導体を**p形半導体**といい，正孔をつくり出す不純物として添加した元素のことを**アクセプタ** (acceptor) という．アクセプタ元素としては，ホウ素 (B)，アルミニウム (Al)，ガリウム (Ga)，インジウム (In) がある．p形半導体では，アクセプタと同数の密度で正孔が存在し，自由電子は少ない．したがって，正孔が多数キャリヤとなり，自由電子は少数キャリヤである．

1.2　ダイオード

　パワーエレクトロニクスで扱う一般的なダイオードは，p形半導体とn形半導体を接合したpn接合ダイオードである．pn接合ダイオードは基本的に，**図1.6** (a) に示すような2層構造で，**陽極** (anode) と**陰極** (cathode または独語で kathode) の電極をもつ2端子の半導体素子である．これは，陽極から陰極に流れる順方向電流による整流作用を目的につくられている．図1.6 (b) はダイオードの図記号である．

　p形半導体とn形半導体によりpn接合 (junction) を形成すると，接合面において，n層の過剰電子はp層に拡散することで正孔と結合し，一方，p層の正孔はn層に拡散することで電子と結合する．そして，接合面のあたりに，**図1.7**に示すような，過剰な電子や正孔がほとんどない**空乏層** (depletion layer) が形成される．その結果，

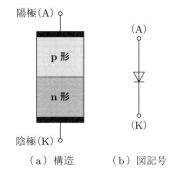

（a）構造　　（b）図記号

図 1.6　ダイオードの構造と図記号

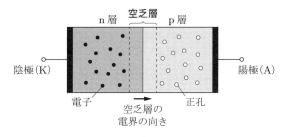

図 1.7　pn 接合における電荷

空乏層において正孔を失った p 層（負にイオン化）と電子を失った n 層（正にイオン化）により，空乏層の電界は n 層から p 層の向きとなる．この空乏層の電界により，これ以上の正孔と電子の拡散は妨げられる．シリコンの場合，pn 接合部の接触電位差（**電位障壁**）は約 0.7 V である．このように，空乏層が形成されることで，接合面での電流はほぼ 0 となる．

　つぎに，pn ダイオードに電圧を印加した状況を考える．**図 1.8** (a) のように，ダイオードのアノード側に正の電位，カソード側に負の電位を印加し，この電位が電位障壁より大きくなると，接合面を越えて p 層の正孔は n 層側に，n 層の電子は p 層側に移動する方向に加速され，この状態が継続されると，ダイオードは電気的に導通状態になる．この電流を**順方向電流**あるいは**順電流** (forward current) という．逆に，図 1.8 (b) のように，アノードに負の電圧，カソードに正の電圧を印加すると，接合面に電圧が加わり，電位障壁を高める．よって，正孔はアノード側に，電子はカソード側に引き寄せられ，空乏層が拡大しコンデンサを形成するため，ほとんど電流を流さない不導通の状態になる．

　印加する電圧と流れる電流の関係を，グラフでより具体的に見る．標準的なシリコン製ダイオードの電流電圧特性（*I-V* 特性）を **図 1.9** に示す．**順電圧** (forward

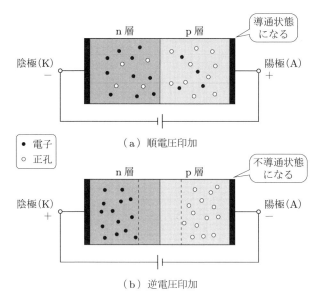

（a）順電圧印加

- ● 電子
- ○ 正孔

（b）逆電圧印加

図 1.8　pn 接合ダイオード内のキャリヤ

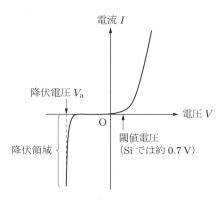

図 1.9　シリコンダイオードの電流電圧特性

voltage) を 0 から徐々に高くすると，閾値電圧（約 0.7 V）で順電流が流れ始める．逆に，0 から逆電圧 (reverse voltage) を加えても，一定の逆電圧値までほとんど電流は流れない．さらに逆電圧を増していくと，急に逆電流 (reverse current) が流れる．このときの電圧を**降伏** (avalanche breakdown) **電圧**，またはツェナー電圧という．この現象は，接合部を破壊しない限り，印加電圧を降伏電圧以下に戻すと，状態回復する．逆電流が増加しても一定電圧（ツェナー電圧）を保持する．この特性を積極的に活用したものにツェナーダイオードがある．

　図 1.10 に，さまざまなダイオードの外観写真を示す．最上部に写っている表面実

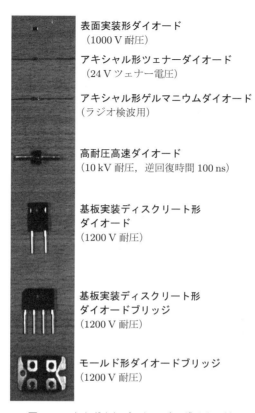

表面実装形ダイオード
（1000 V 耐圧）

アキシャル形ツェナーダイオード
（24 V ツェナー電圧）

アキシャル形ゲルマニウムダイオード
（ラジオ検波用）

高耐圧高速ダイオード
（10 kV 耐圧，逆回復時間 100 ns）

基板実装ディスクリート形
ダイオード
（1200 V 耐圧）

基板実装ディスクリート形
ダイオードブリッジ
（1200 V 耐圧）

モールド形ダイオードブリッジ
（1200 V 耐圧）

図 1.10　さまざまなパッケージのダイオード

装形ダイオードは，全長 5 mm で米粒より小さく，プリント基板の表面に実装する超小型なものである．上から 2 番目から 4 番目までは，両端に端子線が延びているアキシャル形とよばれる形状のダイオードで，2 番目はツェナーダイオード，3 番目がゲルマニウムダイオード，4 番目は高耐圧の高速ダイオードである．上から 5 番目と 6 番目は，ディスクリート形のパッケージでヒートシンクをねじ止めしているようになっている．6 番目と 7 番目（最下部）は，交流を整流するために内部でダイオードがブリッジ構成されている．このように，用途によってパッケージや耐圧も異なっている．

1.2.1 pin ダイオード

　大容量の電力を扱うパワー回路に用いるダイオードは大型で，順電流容量が数1000 A，逆耐電圧が数1000 V に達するものが製造されている（逆耐電圧とは，絶縁性を保っていられる逆電圧の最大値のこと）．逆耐電圧の全電圧が pn 接合の空乏層にかかるので，空乏層の電界強度が増加すると，空乏層を通過するキャリヤが**電子雪崩** (electron avalanche) 現象を起こし，**電圧降伏**を引き起こす．これは前項の図 1.9 と同様の現象である．空乏層の電界強度を緩和させるために，**図 1.11** に示すように，p 層と n 層の間に i 層（n⁻ 層ともいう）を入れることで，pin 構造のダイオードにする（p 層，i 層，n 層で pin である）．このようにすることで，i 層の正電荷が n 層側，負電荷が p 層側に引き寄せられ，i 層の中心付近から空間電荷をなくし，空乏層を電界緩和している．一般に，不純物濃度の制御によって空乏層の厚みを調整することができる．

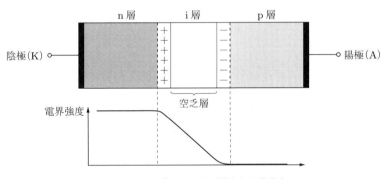

図 1.11 pin ダイオードの構造と電位分布

1.2.2 ダイオードのキャリヤ蓄積と高速化

　ダイオードは，陽極から陰極に向けて電圧を加えて順電流を流す利用法が多いが，外部回路の状態によっては，逆方向に電圧が加わる場合がある．実際に，逆方向に電圧が加わると，ダイオードに逆電流が流れる．たとえば，**図 1.12** に示すような試験回路とダイオード電流の関係が生じるのである．スイッチ S が開いていて，順電流 i_F が流れているものとする．これは，コンデンサ C とインダクタ L_F の共振電流である．ある時間にスイッチ S を閉じると，ダイオードに逆電圧が印加され，一気に逆電流 i_R が流れる．この逆電流は，ダイオード内部の過剰キャリヤが掃き出され，空乏層が回復形成されるまで流れ続ける．この現象を**少数キャリヤ蓄積効果** (minority carrier storage effect) という．

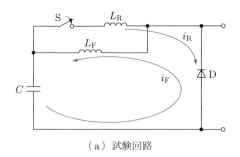

（a）試験回路

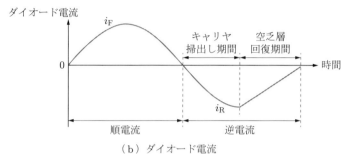

（b）ダイオード電流

図 1.12 試験回路とダイオード電流

　ダイオードに逆電流が流れ始めてから回復までの時間を**逆方向回復時間** (reverse recovery time) t_{rr} という．高周波回路での整流においては，逆電流の流れている時間をできるだけ短くして早く回復させる必要がある．また，一般的な回路においては，ダイオードに流れる逆電流は望まれない．高速に逆電流から回復するダイオードを**ファストリカバリダイオード** (FRD : fast recovery diode) という．**図 1.13** に，ファストリカバリダイオードの逆回復時の電流電圧特性を示す．ファストリカバリダイオードは逆電流からの回復時間 t_{rf} を短くしているが，結果として電流変化率 dI/dt ($\cong I_{RM}/t_{rf}$) が大きいと，ダイオードの両端子に接続されたインダクタンス成分により，図 1.13 (a) の $v_{A\text{-}K}$ のような先頭値の高いサージ電圧がダイオードの両端子間に発生する．このサージ電圧はノイズとなり，周辺回路に悪影響を及ぼす．そこで，図 1.13 (b) のように，dI/dt を緩やかにするソフトリカバリ化を行い，サージ電圧を抑制する．このように，ソフトリカバリの特性をもったダイオードを**ソフトリカバリダイオード** (soft recovery diode) とよぶ．ここで，$F_{RRS} = t_{rf}/t_{rs}$ を**逆回復ソフトネスファクタ**といい，これは逆回復時のサージ電圧抑制の指標とされる．以上のように，高周波回路におけるダイオードには，高速化とソフトリカバリ化の両立が要求される．

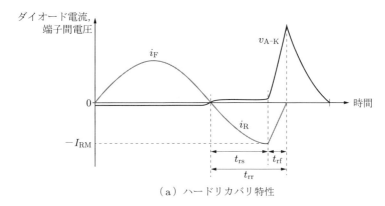

（a）ハードリカバリ特性

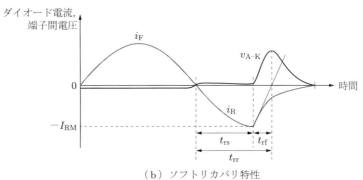

（b）ソフトリカバリ特性

図 1.13 ファストリカバリダイオードの電流電圧特性

1.2.3 ショットキーバリヤダイオード

　固体内（金属や半導体）の電子をその外（真空中）に引き出すためのエネルギーを**仕事関数** (work function) という．2 種類の金属や半導体などの材料を接触させると，仕事関数の小さな材料から大きな材料に電子が移動する．たとえば，n 形半導体とそれより大きな仕事関数をもつ金属（バリヤ金属）を接触させると，n 形半導体から電子が流出して空乏層が形成される．これにより，pn 接合と同様に接触電位差が生じ，整流作用が得られる．このようなダイオードを**ショットキーバリヤダイオード** (SBD : schottky barrier diode) という．**図 1.14** にショットキーバリヤダイオードの構造と図記号を示す．記号が通常のダイオードとは異なり，カギ形の横線は**ショットキー効果** (schottky effect) を表現している．

　逆に，n 形半導体より小さな仕事関数の金属を接触させた場合は，金属から半導体に電子が移動するために空乏層が形成されず，整流作用は生じない．ショットキーバ

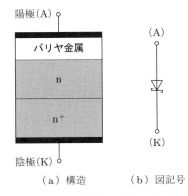

（a）構造　　　　（b）図記号

図 1.14　ショットキーバリヤダイオードの構造と図記号

リヤダイオードの場合，逆電圧印加時の過渡的な応答として少数キャリヤ蓄積効果は発生せず，前述のファストリカバリダイオードのような逆回復特性とは異なる．逆電流は空乏層形成時の接合容量による過渡応答として振る舞う．

　一般的なショットキーバリヤダイオードは，pn 接合ダイオードに比べて順方向電圧降下が低くスイッチングが速いという利点がある反面，高耐圧化が困難で逆方向の漏れ電流が大きいという欠点がある．近年，シリコンに比べ高耐圧化が可能な新しい半導体（後述の SiC や GaN などのワイドバンドギャップ半導体）の登場によって，高耐圧ショットキーバリヤダイオードの開発が進んでいて，わずかではあるが，高耐圧デバイスが一部実用化されている．そのため，パワーエレクトロニクス分野での活用が広がるものと考えられる．

1.3　バイポーラトランジスタ

　トランジスタは，信号の増幅やスイッチングができる半導体素子である．主電流のキャリヤ（正孔と電子）によって，**バイポーラトランジスタ** (bipolar transistor) とユニポーラトランジスタ (unipolar transistor) に分類される．正孔と電子の 2 種類のキャリヤによるのがバイポーラトランジスタで，電子か正孔のどちらか 1 種類のキャリヤによるのがユニポーラトランジスタである．ユニポーラトランジスタには 1.5 節で述べる電界効果トランジスタなどがある．なお，一般に，単一キャリヤによるデバイスをユニポーラデバイス (unipolar device) といい，正孔と電子の 2 種類のキャリヤをもつデバイスをバイポーラデバイス (bipolar device) いう．

　トランジスタには pnp 形と npn 形があるが，パワーエレクトロニクス回路では小さな電流で大電流をオン / オフするのに適している npn 形のトランジスタを使用す

ることがほとんどである．本書では以降ことわりのない場合は，npn形トランジスタ
として述べる．

図 1.15 に npn 形トランジスタの構造と記号を示す．図 1.15 (a) のように，n，p，
n それぞれの半導体層はコレクタ (collector)，ベース (base)，エミッタ (emitter) と
いい，3 端子のデバイスとして構成され，図記号は図 1.15 (b) のように表される．図
記号の矢印は電流の流れ込む方向を示しており，npn トランジスタではエミッタに向
かって電流が流れ出ることを意味する．

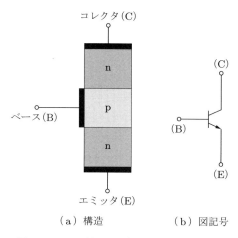

（a）構造　　　　　　　（b）図記号

図 1.15　npn 形トランジスタの構造と図記号

バイポーラトランジスタでは，コレクタ–エミッタ間に電圧が印加された状態で
も，ベース–エミッタ間に（電圧を印加して）電流を流さなければ，pn 接合面に空
乏層が形成されて，コレクタ–エミッタ間に電流は流れない．バイポーラトランジス
タのコレクタ–エミッタ間に電圧 $E_{C\text{-}E}$ を印加した状態で，ベース–エミッタ間に電
圧 E_B を印加してベース電流 I_B を流すと，コレクタ–エミッタ間は導通状態となり，
コレクタ電流 I_C が流れる．図 1.16 は，そのときの正孔と電子の動きを表した模式図
である．I_C とエミッタ電流 I_E の比

$$\alpha_T = \frac{I_C}{I_E} = \frac{I_C}{I_B + I_C} \tag{1.1}$$

をコレクタ–エミッタ間の**電流伝達率**という．また，I_C と I_B の比

$$h_{FE} = \frac{I_C}{I_B} \tag{1.2}$$

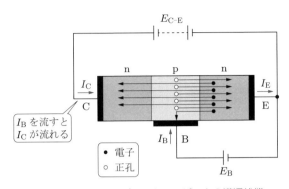

図1.16　npn形バイポーラトランジスタの導通状態

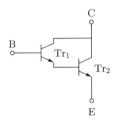

図1.17　ダーリントン接続したトランジスタ

を**電流増幅率** (d. c. current gain) という.

　図 1.17 のように，2 個のトランジスタをトランジスタ Tr_1 と Tr_2 を接続したものを**ダーリントン接続**といい，大きな電流増幅率が必要な場合などに，パワートランジスタとして多く利用されている．トランジスタ Tr_1 と Tr_2 の電流増幅率がともに h_{FE} の場合，ダーリントン接続により $h_{FE} \times h_{FE}$ となり，$(h_{FE})^2$ の電流増幅率が得られる．

　つぎに，**図** 1.18 に示すように，トランジスタのエミッタを接地して，コレクタ－エミッタ間に電圧をかけていく．ベース電流 I_B を 0 から徐々に増加させていくと，**図** 1.19 のようなトランジスタの I-V 静特性が得られる．ベース電流 I_B が 0 の領域を**遮断領域** (cut off area) いい，トランジスタはオフの状態である．ベース電流 I_B を許容最大値 I_{BS} まで増加させていくにつれて，コレクタ電流 I_C が増加していく曲線が得られる．各ベース電流の I-V 曲線左側のグレー部分を**飽和領域** (saturation area) といい，線形増幅時よりベース電流過多の状態である．飽和領域と遮断領域の間を**活性領域** (forward active area) といい，スイッチングデバイスとしてトランジスタを利用する場合は，飽和領域と遮断領域を切り替えることでスイッチングする．

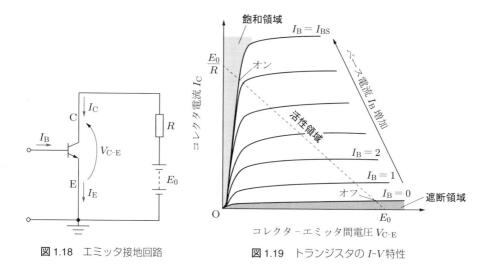

図 1.18 エミッタ接地回路 　　　**図 1.19** トランジスタの I–V 特性

1.4 サイリスタ類

　サイリスタ (thyristor) は，整流ダイオードとともにパワーデバイスの草分け的な存在であり，パワーエレクトロニクスの発展に多大な貢献をした半導体デバイスである．ダイオードとの違いは，能動的にオンできることであり，このおかげで電力変換回路への適用が広がった．サイリスタは，後述する高速でオフできる IGBT や MOSFET の登場により，活躍の場が奪われてきているが，オフできるように改良されたサイリスタ（GTO や GCT など）に進化して，とくに大容量の電力を扱う分野ではいまでも利用されているデバイスである．その特徴として以下が挙げられる．

① 高電圧・大電流が得られる
② 電流耐量が大きい
③ IGBT や MOSFET に比べ高周波（高速）動作には向かない

1.4.1 サイリスタの構造と基本動作

　サイリスタは，アノードとカソードのほかに，能動的にバルブ動作（オン / オフ）を制御するためのゲートをもつ 3 端子のデバイスである．スイッチングデバイスをオフ状態からオン状態に転ずることを**ターンオン** (turn-on) あるいは**点弧** (firing) という．サイリスタに関しては，能動的な動作としてはターンオンのみである．このようなサイリスタはターンオン素子あるいはバルブデバイスともよばれる．ターンオンの逆のオン状態からオフ状態に移行させることを**ターンオフ** (turn-off) あるいは**消弧**

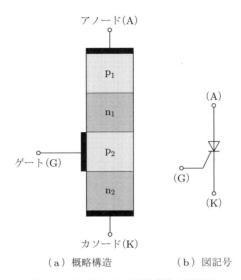

（a）概略構造　　　　　（b）図記号

図 1.20　サイリスタの概略構造と図記号

(extinction) という．通常のサイリスタは能動的なターンオフはできない．

　図 1.20 にサイリスタの概略構造と記号を示す．アノード (A) 側からカソード (K) に向けて $p_1n_1p_2n_2$ の 4 層の構造で，三つの接合箇所をもつ．3 層目の p_2 はオン制御電流を流すゲート電極 (G) に接続されている．通常，ダイオードは順方向電流を流し，逆方向電流は阻止する整流作用だけをもつのに対して，サイリスタは順方向に電圧が印加されても電流を流すことはないが，ゲートに電流信号を加えるとオン状態になって，アノードとカソードの間は導通状態になる．このとき，順方向電流が流れ続けている間は，ゲートの電流信号をなくしてもオン状態を維持する．アノード‐カソード間電圧が 0 となり，電流が 0 となると，オフ状態に戻る．

　ダイオードの整流動作とサイリスタの整流動作を比較してみる．**図** 1.21 (a) と**図** 1.22 (a) の両図の交流電源電圧 v_s と抵抗 R は同じとし，交流電源電圧 v_s の波形は図 1.21 (b) のようであるとする．図 1.21 (a) のダイオード整流回路では，図 1.21 (c) の電圧が抵抗の両端にかかる．一方，図 1.22 (a) のサイリスタ整流回路では，図 1.22 (b) のゲート電流信号がサイリスタ Th に電源電圧が 0（負から正に変わる時刻）から α の遅れで入力されると，抵抗 R には図 1.22 (c) の電圧がかかる．ある閾値（**保持電流**）以上の電流信号がゲートに入力されることで，整流動作が行われる．この α を**制御角** (phase control angle)，または制御遅れ，**点弧角** (firing angle) などという．

　前述のとおり，サイリスタは能動的にターンオン動作できるが，ターンオフ動作はできない．ターンオフする条件としては，接続された回路条件で，つぎのいずれかの

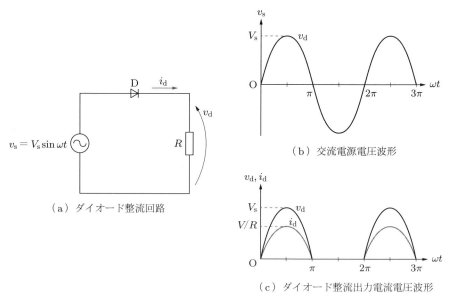

（b）交流電源電圧波形

（a）ダイオード整流回路

（c）ダイオード整流出力電流電圧波形

図1.21 ダイオード整流回路と出力電流電圧波形

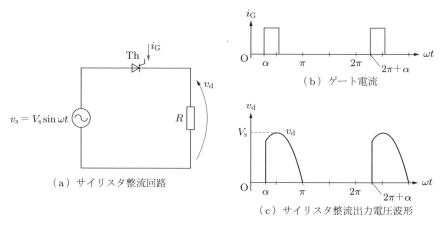

（b）ゲート電流

（a）サイリスタ整流回路

（c）サイリスタ整流出力電圧波形

図1.22 サイリスタ整流回路と出力電圧波形

状況が必要である．

① サイリスタのアノード‐カソード間の主電流を保持電流以下にする

② サイリスタのアノード‐カソード間に逆電圧が印加される

図1.22 (c) では電源が交流であるので，π から 2π の期間は，逆電圧が印加され，オフ状態となっている．

1.4.2 サイリスタのターンオン動作

サイリスタは図1.20 (a) に示した pnpn の4層構造であるが，**図1.23** (a) に示すように，内部の基本構造としては pnp と npn の二つのトランジスタが接続されたものと考えることができる．よって，図1.23 (b) のような等価回路が得られる．pnp トランジスタと npn トランジスタの電流伝達率と漏れ電流をそれぞれ α_{T1}, α_{T2} と I_{L1}, I_{L2} とすると，サイリスタ電流 I は

$$I = \frac{I_{L1} + I_{L2}}{1 - \alpha_{T1} - \alpha_{T2}} \tag{1.3}$$

となる．このとき，ゲート電流は考慮していない．実際のターンオン動作では，ゲート電流を流したり，電圧を高めたり，接合部の温度を上げたり，光を照射したりして，

$$\alpha_1 + \alpha_2 \approx 1 \tag{1.4}$$

となるようにして導通状態をつくり出し，式 (1.3) のサイリスタ電流を最大にして，外部回路で決まる電流となる．

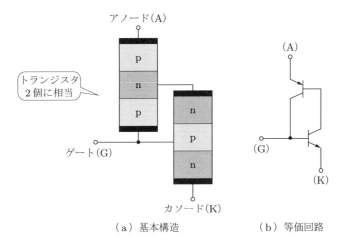

（a）基本構造　　　（b）等価回路

図1.23 サイリスタの内部基本構造と等価回路

[1] ブレークオーバー

前述の図1.20 の $p_1n_1p_2n_2$ の接合を考える．順方向電圧を印加すると，n_1p_2 間の接合面が逆バイアスされ，印加電圧のほとんどがこの接合面にかかる．このとき，電流はほとんど流さない．この順方向電圧を高くしていくと，ある電圧で自然点弧して電

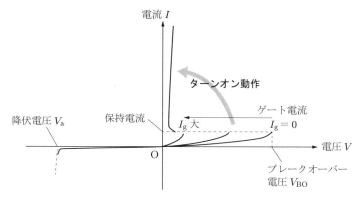

図 1.24 ゲート点弧による I-V 特性

流が一気に流れ出す．この電圧を**ブレークオーバー電圧**という．**図** 1.24 にサイリスタの自然点弧における I-V 特性を示す．ブレークオーバーはゲート電流が $I_g = 0$ の現象であり，このブレークオーバー電圧 V_{BO} と A-K 間逆電圧印加時の降伏電圧 V_a の絶対値はほぼ等しい．ゲート電流を増加させていくと，自然点弧する電圧 V_{BO} は低くなる．通常のサイリスタはこの V_{BO} 以下の電圧で使用する．

　ブレークオーバー動作を利用したサイリスタ類としては，**ダイアック** (diac) とよばれる双方向性 2 端子サイリスタ (bidirectional diode thyristor) がある．ダイアックは, pnpn の 4 層構造のダイオードを逆並列接続したものである．ダイアックの構造，図記号，I-V 特性を**図** 1.25 に示す．ダイアックは極性がなく，ブレークオーバー電圧が印加されると，インパルス電流が流れる．これは，後述のトライアックのゲートに利用される．

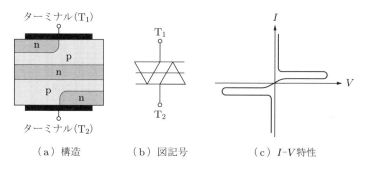

（a）構造　　（b）図記号　　（c）I-V 特性

図 1.25 双方向性 2 端子サイリスタ（ダイアック）

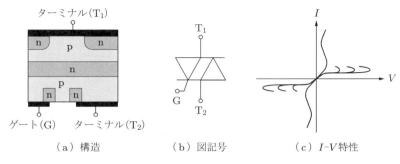

図 1.26 双方向性 3 端子サイリスタ（トライアック）

また，ダイアックにゲートを設けて双方向性 3 端子サイリスタ (bidirectional triode thyristor) としたのが，**トライアック** (triac) である．トライアックの構造，図記号，I-V 特性を**図 1.26** に示す．極性のない二つの主電極 (T_1, T_2) を有し，一つのゲートで双方向のスイッチングを制御できる．トライアックは，交流スイッチとして照明の調光回路などに利用されている．

[2] 能動的なオン動作

サイリスタを能動的にオンする方法としては，ゲート電流を流すのが一般的で，多くのサイリスタがゲート電流駆動によるターンオンができる構造になっている．**図 1.27** に，サイリスタの導通領域が時間とともに拡大していくイメージを示す．たとえば，p 層のゲート（中心）から n 層のカソードにゲート電流が流れ始める時間を 0 μs とすると，時間経過とともに図中にグレー（同心円）で示した導通領域が拡大していく．大電流を扱う接合面積の大きなサイリスタだと，導通領域が全面に広がるまで数 10 μs を要する．十分な導通領域が得られないまま大電流を流すと，サイリスタは過電流により破壊される．そのため，サイリスタのターンオン時の電流上昇率が安

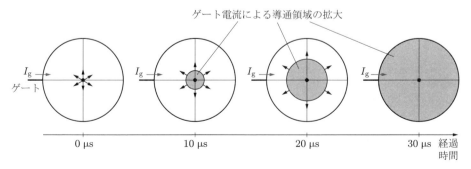

図 1.27 サイリスタの導通領域拡大形成の様子

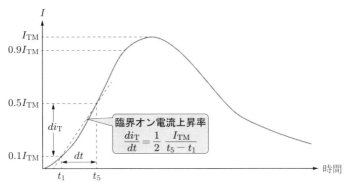

図 1.28　サイリスタの臨界オン電流上昇率

全動作のための重要なパラメータになってくる．**図 1.28** に，サイリスタがターンオンして，電流が上昇して最大値に達する様子を示す．許容可能な電流上昇率を**定格臨界オン電流上昇率** (di_T/dt) といい，この値を超えないように各デバイスメーカの仕様表に記載されている．電流最大値を I_TM とすると，臨界オン電流上昇率は I_TM の 10% から 50% までの電流変化量を I_TM の 10% から 50% に至るまでの時間で除した値で規定されている．パルス回路では，電流上昇率を I_TM の 10% から 90% で規定することもある．di_T/dt 耐量を増加させる方法として，ゲート電流を高速で駆動（ハイゲートドライブ）することで，導通面積を高速に拡大する方法がある．

1.4.3　ゲートターンオフサイリスタ

ゲートターンオフ (GTO: gate turn off) **サイリスタ**は，負のゲート電流を流すことで自己消弧能力をもつデバイスである．自己消弧能力をもたない通常のサイリスタと同じ pnpn の 4 層構造であるが，ターンオフ動作を行うための負ゲート電流を高速で流すための工夫がなされている．**図 1.29** に GTO サイリスタの構造と記号を示す．GTO サイリスタは微細ユニット化されており，多数のセグメントから構成されている．図 1.29 (a) は GTO サイリスタのカソードパターンで，各カソードを取り囲むようにゲートが配置され，大きなものではその単位ユニットは数 1000 個になる．図 1.29 (b) は単位 GTO サイリスタの基本構造，そして図 1.24 (c) は図記号である．駆動用のゲート回路には多数の GTO サイリスタユニットに電流を流すため，高速大電流のハイゲートドライブ回路が必要になる．

このような微細化構造は，ターンオフのみならず，ターンオンの高速化にも寄与できる．**図 1.30** は，汎用 GTO サイリスタと高速パルス通電用に改良されたパルスパワー用 GTO サイリスタの各セグメントの断面構造を示す．高速ターンオンを達成す

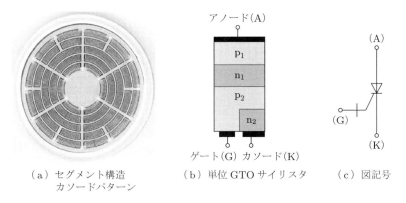

（a）セグメント構造
カソードパターン
（b）単位 GTO サイリスタ
（c）図記号

図 1.29 GTO サイリスタの構造と図記号

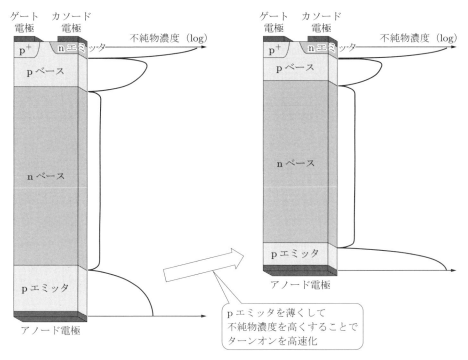

図 1.30 GTO サイリスタのターンオン高速化

るために，p エミッタを薄くして不純物濃度を高くすることでターンオンを高速化している．**図 1.31** に，パルスパワー用に特化した高速 GTO サイリスタの内部構造を示す．**図 1.31** (a) はカソードパターンであるが，目視で確認できないほど超微細化されている．**図 1.31** (b) は導入ゲート電極である．中心部ではなくリング状に配置し

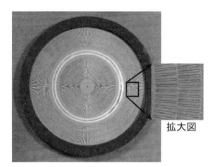

（a）微細カソードパターン面 　　　　　（b）導入リング状ゲート電極

図 1.31 高速 GTO サイリスタの内部構造

ていて，ゲート電流が均一に速く末端まで流れるように工夫されている.

　パルスパワー用の高速 GTO サイリスタは，半導体リソグラフィーの紫外レーザ駆動用パルスパワー電源として活躍していたが，近年では，1.6 節で説明する IGBT に置き換わってきている.

1.4.4　GTO サイリスタのスイッチング特性

　GTO サイリスタのターンオンとターンオフにおけるスイッチングについて，**図 1.32** に示す．正のゲート電流を流すことでターンオンするのだが，ゲート電流が 10% 程度立ち上がる時間からアノード電圧が 10% 程度降下を始めるまでの遅れ時間が生じる．アノード電圧が 90% から 10% まで降下するまでを（電圧）降下時間といい，遅れ時間と降下時間を併せて**ターンオン時間**という．ターンオン後に一定電流が流れる定常状態となるが，アノード電圧は完全に 0 にはならず，オン電圧が生じる．つぎに，蓄積された過剰キャリヤ（正孔と電子）を引き抜きターンオフするために，急峻な負のゲート電流を流す．ゲート電流が −10% 時点からアノード電流が 90% に降下するまでを**蓄積時間** (storage time) という．その後アノード電流が 90% からディップ状に一気に降下するまでの時間を（電流）降下時間という．これら一連の蓄積時間と降下時間を併せて**ターンオフ時間**という．アノード電流は降下後に立ち上がり，テール電流となり，徐々に減少していく．このとき，アノード電圧は当初印加している電圧を超えて跳ね上がる．これを**オフサージ電圧**といい，この電圧値が最大定格電圧を超えると，GTO サイリスタは過電圧により破損する．オフサージ電圧を抑制する方法としては，スナバ回路を用いる方法などがある．ターンオフスイッチにとってオフサージ電圧対策は重要であり，詳細は後述する（2.3 節参照）.

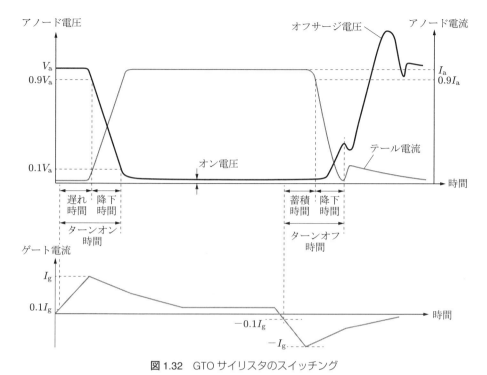

図 1.32　GTO サイリスタのスイッチング

1.5 パワー MOSFET

MOSFET (metal oxide semiconductor field effect transistor) を日本語に訳すと，**金属酸化膜半導体電界効果トランジスタ**である．MOSFET は高速動作が可能なため，当初，通信用あるいは小電力用のスイッチング素子として利用されてきたが，近年，電力変換の分野においてもバイポーラトランジスタに代わるデバイスとして大容量化が進んできている．とくに，電力変換に用いるデバイスは**パワー MOSFET** とよばれ，小容量デバイスと区別する場合もある．本書で扱う MOSFET はこのパワー MOSFET を指す．MOSFET は，パワーバイポーラトランジスタと同様，3 端子のデバイスであるが，端子の名称が異なる．パワーエレクトロニクスの発展に多大な貢献をした半導体デバイスである．MOSFET には**エンハンスメント** (enhancement) **型**とディプレション (depletion) 型があるが，本書では，スイッチングデバイスとして使用されるエンハンスメント型について述べる．

1.5.1　MOSFET の基本構造と動作

　MOSFET の基本構造とデバイス記号を**図 1.33** に示す．MOSFET の構造は，横型と縦型に大別される．図 1.33 (a) の横型構造では，p 形シリコン基板の上に SiO_2 の金属酸化絶縁被膜があり，ゲート電極は絶縁されている．両端にソース (source) とドレーン (drain) があり，キャリヤ（ここでは電子）を供給するのがソースである．図 1.33 (b) の縦型構造では，ゲートを金属酸化絶縁膜で覆っている．両端の n 形半導体の端子はソースに接続されており，n 形のソースは p 形で覆われて，下に位置している n 形のドレーンに接続している．この縦型構造の MOSFET を **DMOSFET** (double-diffused MOSFET) という．MOSFET の横型構造と縦型構造の特徴については後述する．MOSFET の電気記号については，横型も縦型も同様に，図 1.33 (c) に示すとおりである．

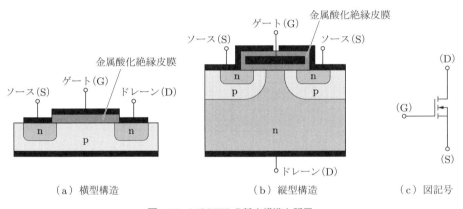

（a）横型構造　　　　　　　　　　（b）縦型構造　　　　（c）図記号

図 1.33　MOSFET の基本構造と記号

　横型を例に，MOSFET の動作原理を説明しよう．n-p-n の MOS 構造のゲートに電圧を加えなければ，ドレーンとソースの間には電流は流れないが，**図 1.34** (a) のように，スイッチ SW を閉じてゲートに正の電圧を加えると，コンデンサの原理で絶縁層に正の電荷がチャージされ，その絶縁層に接する p 層には負の電荷がチャージされる**反転層**（**チャネル**）が形成される．チャネルの導電率はチャネルのキャリヤ密度で決まる．チャネルの形成により，ドレーンとソースの間は電気的に導通（電子電流による）になる．このチャネルの厚さはゲート電圧 V_{GS} に依存するので，V_{GS} の調整である程度の制御が可能である．

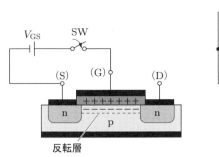
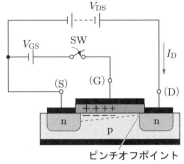

（a）反転層（チャネル）形成　　　（b）ドレーン電流によるピンチオフ現象

図 1.34　MOSFET の動作原理

1.5.2　MOSFET の特徴と課題

　MOSFET は，前述のサイリスタ類やバイポーラトランジスタがゲート電流やベース電流でオン / オフする電流制御型デバイスに対して，ゲート電圧でオン / オフする**電圧制御**型デバイスである．このような電圧制御型のデバイスは，チャネルによる導通領域の形成が高速に行えるので，一般に電流制御型デバイスより高速スイッチングが行える．さらに，ユニポーラデバイスでは，少数キャリヤ蓄積効果がなく，ターンオフ時間が短いという特徴がある．とくに，MOSFET は，現状のパワーデバイスの中では最速のスイッチングデバイスである．MOSFET では，ターンオフ時間が10 数 ns から数 10 ns 程度のデバイスも存在する．したがって，数 100 kHz 以上のスイッチング動作が可能である．

　また，電圧制御型のデバイスでは，ゲートドライブ回路に必要な電力は極めて小さく，省電力駆動のパワーデバイスとなる．これに対して，バイポーラデバイスのオン / オフ動作にはキャリヤの注入と掃き出しのために大きなゲート電流が必要で，ゲートドライブ回路はおのずと大型になる．

　図 1.34 (b) のように，ドレーン - ソース間電圧が印加された状態でゲート電圧を加えると，チャネルが形成され，ドレーン電流 I_D が流れる．しかし，ドレーン - ソースの電極端子に電圧 V_DS が印加されることにより，ドレーン近傍のゲート電極の電界強度は緩和される．よって，ソース近傍よりドレーン近傍の V_GS の値が相対的に小さくなる．そのため，ドレーン側のチャネルが細くなる．V_DS の値を大きくしても，I_D の上昇が頭打ちになる飽和領域が現れる．これを**ピンチオフ現象**といい，このときの電流を**ピンチオフ電流**という．ピンチオフが発生するポイントでは，電界集中が生じるため，このような構造の MOSFET では，高耐圧デバイスの製作が困難となってい

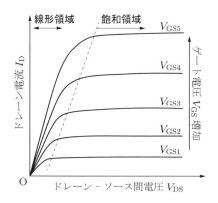

図 1.35 MOSFET の電流電圧特性

る．**図 1.35** に MOSFET の電流電圧特性を示す．$V_{GS5} > V_{GS4} > V_{GS3} > V_{GS2} > V_{GS1}$ のように，V_{GS} を増加させると，チャネルの電荷量が増すことで導電率が小さくなり，I_D が増加する．V_{GS} ごとに見ると，V_{DS} の増加に対して，線形的に I_D が増加する線形領域と，ピンチオフ現象で I_D が頭打ちになる飽和領域が存在する．

MOSFET を高い耐電圧のデバイスとするために，縦型二重拡散構造の **DMOS** (double-diffused MOSFET)，または **VDMOS** (vertical double-diffused MOSFET) とよばれる縦型の MOSFET が用いられる．図 1.33 (b) に示している構造で，その DMOS の動作を**図 1.36** に示す．ゲート電源のスイッチ SW を閉じて G に V_{GS} の電圧を印加すると，p 層にチャネルが形成され，ドレーン-ソース間に電圧 V_{DS} が加われば，電流 I_D が流れる．このように，縦型構造にすることで，前述のピンチオフポ

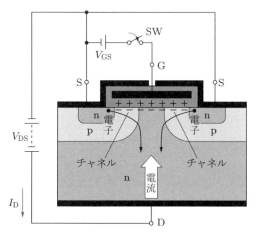

図 1.36 DMOS の動作原理

イントによる電界集中が回避され，デバイスの高耐圧化が可能となる.

以上のように，MOSFET では，p 層は存在するが，**反転層（チャネル）** 内の導電に寄与するのは電子だけのユニポーラデバイスである.

MOSFET は，バイポーラデバイスのように導通領域はプラズマ状態にはならないので，半導体の抵抗率が大電流時に大きくなり，抵抗による順電圧降下が大きくなる問題がある. そのため，大電流扱うデバイスには向かないという欠点がある. 大電流化への工夫として，近年ではデバイス作成の微細化技術が進展しており，ゲートを縦長にして**トレンチ** (trench) 構造に配置して，微細化により単位 MOSFET の実装面積を小さくして高密度化することで，大電流に対応したデバイスが実現している. 図 1.37 に，**トレンチゲート**構造 MOSFET の構造とそのチャネル形成の模式図を示す. 図 1.37 (a) はトレンチゲート MOSFET の構造である. トレンチとは溝の意味で，縦長のゲートを溝に埋め込んだ構造である. 前述の DMOS と同様に，下方にドレーンを配置した構造である. 図 1.37 (b) は，ドレーン－ソース間に電圧を加えた状態でゲート電圧を印加した場合のチャネル形成の様子を模式図で表している. 微細化技術の進展と相まって，限られた面積に単位 MOSFET を多数製作できるようになっている. このように，大電流用のデバイスとして MOSFET も改良されている.

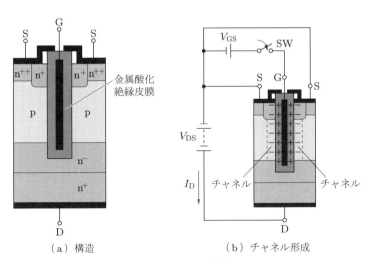

（a）構造 （b）チャネル形成

図 1.37 トレンチゲート構造 MOSFET

1.6 IGBT

IGBT (insulated gate bipolar transistor) はその名のとおり，絶縁ゲート構造をもつバイポーラトランジスタである．バイポーラトランジスタと MOSFET の両方の長所を兼ね備えるのを目的に開発された複合素子である．その基本構造は**図 1.38** (a) のようになっている．ユニポーラデバイスである MOSFET の順導通時の抵抗による電流制限を解消するために，ドレーン側に p 形半導体を形成し，導通時に正孔を注入できるようにして（バイポーラ化して），大電流に対応している．つまり，オン/オフを制御するゲートを小電力で電圧制御できる MOSFET として，pnp トランジスタのベースに接続した構造で電流制御するのである．等価回路は図 1.38 (b) のようになり，IGBT の内部には，MOSFET と並列に寄生する npn トランジスタが存在する．この寄生 npn トランジスタに電流が流れ込むと，サイリスタが動作して導通状態が維持され，能動的なターンオフ機能が損なわれることがあるので，製造上の課題となっている．IGBT の記号は図 1.38 (c) のように示される．

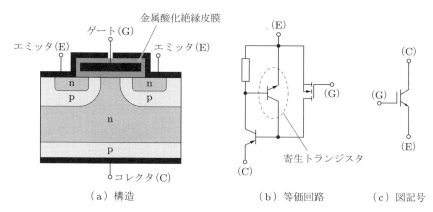

（a）構造　　　　　　　　（b）等価回路　　　　（c）図記号

図 1.38 IGBT の基本構造と等価回路および記号

IGBT のオン/オフ制御は，MOSFET と同様に，ゲートに電圧を印加することで行う．ターンオンする場合は，**図 1.39** (a) に示すように，ゲートに正電圧を印加する．そのとき，ゲート直下の p^+ 層に負の電荷が蓄積され，チャネルを形成することで，導通状態となる．コレクタ－エミッタ間電圧 V_{CE} が印加されていると，エミッタの n^+ 層から電子がチャネルを通過してコレクタ側の p 層に移動し，一方，p 層から正孔がエミッタ側の n^+ 層に移動する．よって，コレクタ電流 I_C が流れる．IGBT をターンオフするには，ゲート電圧を 0 にするか，負の電圧を印加して電荷を引き抜けばよい．このとき，MOSFET の電子電流はゲート電圧の変化に追随するが，pnp

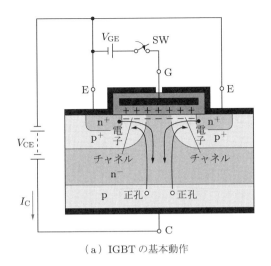

（a）IGBT の基本動作

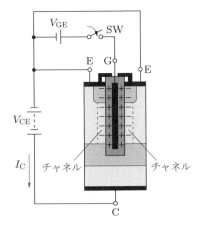

（b）トレンチゲート IGBT の
チャネル形成

図 1.39 IGBT の基本動作

トランジスタを流れる正孔電流は n ベース層の蓄積キャリヤが排除されるまで流れるため，IGBT のターンオフは MOSFET に比べると遅くなる．図 1.39 (a) からわかるように，コレクタからエミッタまでの電流のパスが長いため，半導体の抵抗が大きくなり，順電圧降下が大きくなる課題がある．IGBT の構造を図 1.39 (b) トレンチゲート構造として少ない面積に多数の素子を形成することができ，その結果，順電圧降下の問題を改善している．**図 1.40** は，最近の 1200 V-240 A 定格の市販の IGBT の電流電圧特性を示す．コレクタ電流の立ち上がり点の電圧降下は，1 V 以下にまで低

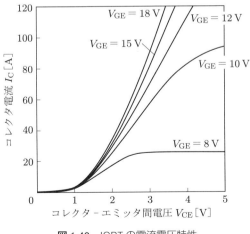

図 1.40 IGBT の電流電圧特性

減されている．ゲート電圧 V_{GE} を増やしていくにつれ，コレクタ電流が上昇している．現在では，6500 V-1200 A 級の IGBT が市場に登場しており，使用範囲が急激に広がっている．

1.7 パワーモジュールとインテリジェント化

1.7.1　パワーモジュール

　ここまでは，パワーデバイスについて素子単体で述べてきた．ダイオードやトランジスタなどのパワーデバイスを回路に実装する場合は，素子単体を接続するのは手間がかかるため，製造段階で用途に応じた組み合わせで複数の素子をパッケージ化すると便利である．このようにパッケージ化されたものを**パワーモジュール** (PM：power module) という．たとえば，基板に実装する小型のディスクリートのデバイスでは，**図1.41** に示すように，一つのパッケージに複数の素子が入っている．図1.41 (a) は，スイッチ素子を逆電圧から保護する逆並列ダイオードで，最近の製品は当たり前のようにパッケージ化されている．図1.41 (b) は，単相ブリッジを構成しているダイオードブリッジモジュールで，交流の入力端子と直流の出力端子がある．

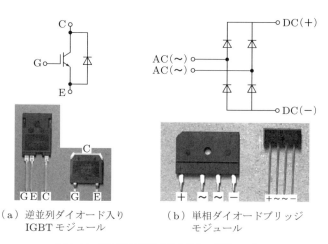

（a）逆並列ダイオード入り　　　　（b）単相ダイオードブリッジ
　　IGBT モジュール　　　　　　　　　モジュール

図1.41　基板実装型の各種パワーモジュール

　一方，基板には載らない大きめのモジュールもあり，大容量に対応したパワーモジュールとなっている．**図1.42** のパワーモジュールは，サイリスタが2素子入っていて，各素子のアノード，カソード，ゲートの端子が使用に応じて接続できるようにモジュール化されている．

図 1.42　2 素子入りモールド形サイリスタパワーモジュール

　パワーモジュールは 1980 年頃から普及してきて，最近ではその使いやすさから，ほとんどのパワーデバイスが複数の素子で構成されているパワーモジュールとなっている．

1.7.2　インテリジェント化

　大きな電力を扱える IGBT などの MOS ゲート構造デバイスの出現で，メインデバイスを駆動するゲート回路が小型小電力となり，さらに，デバイスの電流，温度を検出する状態監視回路を内蔵し，自己保護機能をもった**インテリジェントパワーモジュール** (IPM: intelligent power module) が普及している．IPM はインバータ，太陽光発電システム，風力発電システム，電気自動車，ハイブリッド電気自動車，そのほかにエアコンなど，幅広く利用されている．

　図 1.43 に，DC 入力でインバータ動作による三相 AC 出力する IGBT を 6 素子を内蔵する IPM を示す．図 1.43 (a) の IPM の外観で，手前の太いピン端子が電力を入出力し，奥の細いピン端子群は入力信号や各状態を入出力する．図 1.43 (b) は内部の回路構成を示す．この IPM の内蔵 IGBT の最大電圧定格 V_{CE} は 1200 V，定格電流 I_C は 75 A である．**高電圧集積回路** (HVIC: high voltage integlated circuit) と**低電圧集積回路** (LVIC: low voltage integrated circuit) を備えており，各 IGBT のゲート回路を HVIC と LVIC に内蔵し，外部の制御信号で駆動，状態監視，保護できるようになっている．おもな用途は AC 400 V のモータ制御用インバータである．

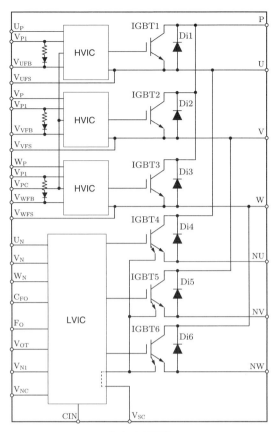

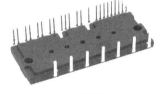

(a) 外観　　　　　　　　　　　　　　　(b) 内部回路

図 1.43　IGBT を主素子とした IPM
［出典：三菱電機カタログ（PSS75SA2FT）］

1.8　次世代のパワー半導体デバイス

　従来からおもに使われ続けてきた半導体材料はシリコン (Si) で，現在もほとんどのパワーデバイスはシリコンを材料としている．シリコンはケイ素のことであり，酸素に次いで，地球上で 2 番目に多く存在する元素である．半導体向けシリコンには，大型の結晶成長や超高純度化の技術が必要である．シリコンは優れた半導体材料で，現在では利用技術が成熟しており，その性能は物性限界に近づいている．高耐圧，大電流，高速スイッチング，低損失化などのさらなるパワーデバイスの性能向上を目指して，SiC や GaN などの新しい半導体材料を用いたパワーデバイスの開発が進展している．

表 1.1 に，おもな半導体材料であるシリコン (Si)，シリコンカーバイド (SiC)，ガリウムナイトライド (GaN) とダイヤモンドの物性値を示す．禁制帯幅は**バンドギャップ** (band-gap) ともよばれる．SiC，GaN，ダイヤモンドは，Si に比べて 3 倍以上の禁制帯幅をもつことから，**ワイドバンドギャップ半導体**とよばれる．バンドギャップの大きさは pn 接合で電子の遷移によるオン動作をするために必要な印加電圧である．1.12 eV のバンドギャップの Si では 0.7 V 程度でオン動作するが，3.39 eV のワイドバンドギャップ半導体である GaN の青色発光ダイオードでは 3 V 以上で動作する．このように，バンドギャップはスイッチング制御可能な電圧の指標となる．

表 1.1 半導体材料の物性値比較

半導体材料	Si	SiC (4H)	GaN	ダイヤモンド
禁制帯幅 [eV]	1.12	3.26	3.39	5.47
電子移動度 μ_e [cm^2/V·s]	1400	1000	900	2200
絶縁破壊電界強度 E_c [kV/cm]	300	2500	3300	10000
熱伝導率 λ [W/cm·K]	1.5	4.9	1.3	20
比誘電率 ε_r	11.8	9.7	9	5.5
飽和ドリフト速度 v_{sat} [cm/s]	1.0×10^7	2.2×10^7	2.7×10^7	2.7×10^7

電子移動度 (electron mobility) μ_e に関しては，ダイヤモンドを除いて，Si がワイドバンドギャップ半導体より大きな値をもっている．これは読んで字のごとく，電界印加時の電子移動のしやすさを示している．移動度は，次式で示すように，抵抗率 ρ と反比例の関係にある．

$$\mu_e = \frac{1}{qn\rho} \tag{1.5}$$

ここで，q はキャリヤの電荷，n はキャリヤ密度である．Si が優れた半導体材料として主流となっているのは，この高い電子移動度をもつためである．

絶縁破壊電界強度 E_c に関しては，Si に比べ，ワイドバンドギャップ半導体は 10 倍以上の値をもっているのがわかる．ショットキーバリヤダイオードの場合，ドリフト層における導通抵抗 R_{on} はつぎのようになる．

$$R_{on} = \frac{w_d}{\mu e N_d A} = \frac{(2V_{bd})^2}{\mu \varepsilon_s A E_c^3} \tag{1.6}$$

ここで，w_d はドリフト層の厚み，N_d は不純物濃度，A はドリフト層の断面積，ε_s はドリフト層の誘電率，そして V_{bd} は耐電圧である．導通抵抗は絶縁破壊強度の 3 乗に反比例することがわかる．そのため，絶縁破壊電界強度の大きなワイドバンドギャッ

プ半導体を使用することで，高耐圧化に伴い増加する導通抵抗を抑制することができる．

　熱伝導率 λ は，温度の影響を受けやすい半導体の冷却に伴う熱除去に大きく影響する．

　飽和ドリフト速度 ν_{sat} の大きな半導体材料は高周波特性が優れており，光デバイスや高周波通信への展開が期待される．

　ワイドバンドギャップ半導体は，このような優れた物性値によりパワーエレクトロニクス技術を飛躍的に進展させる可能性をもつ．しかし，半導体結晶素材開発においては，バルクの成長やエピタキシャル成長の課題があり，普及を妨げている．現在パワーデバイスへの適用が進んでいるワイドバンドギャップ半導体は，SiC である．すでに，SiC のショットキーバリヤダイオードや MOSFET の製品が市場に出ている．これらの性能は Si のデバイスと比較すると格段に優れているが，その反面大変高価である．前述の課題を克服し，Si 製のパワーデバイスのようにつくり込みが進むことにより，コストパフォーマンスが向上することが望まれる．近い将来パワーエレクトロニクスの主力パワーデバイスとなることが期待されている．

1.9　電力容量と動作周波数によるスイッチングデバイスの分類

　これまで述べてきたように，スイッチングを行うパワーデバイスにはそれぞれ特徴がある．パワーエレクトロニクス技術の利用や研究開発においては，用途に応じて多種多様のスイッチングパワーデバイスが存在する中でどのパワーデバイスを選択すればよいのか，適材適所を考える必要がある．

　一般に，電力容量の大きなスイッチングパワーデバイスは動作周波数が低く，逆に高い動作周波数のパワーデバイスは電力容量が小さい傾向がある．**図** 1.44 に，パワーエレクトロニクス分野でよく利用される代表的なスイッチングパワーデバイスの電力容量と動作周波数の関係を示す．大電力容量のパワーデバイスはサイリスタ類が占める．サイリスタには 1000 kVA 以上の電力を扱うことのできる素子も存在するが，動作周波数は（回路条件にもよるが）せいぜい数 100 Hz 程度である．自己消弧能力のある GTO サイリスタはサイリスタより高い数 kHz の動作周波数を有するが，電力容量は若干小さい．GTO サイリスタより高周波動作できる**静電誘導サイリスタ** (static induction thyristor) というパワーデバイスがあり，一部パワーレーザ用の電源回路に適用されたことがあるが，普及するには至らなかった．電圧制御型の MOS ゲート構造をもつ IGBT は，電流制御型の GTO サイリスタに比べると，動作

周波数が高い．パワーデバイスの中で動作周波数が最も高いのは MOSFET であり，MHz クラスの高周波動作も可能であるが，その反面，電力容量はパワーデバイスの中では最小となる．トライアックはサイリスタ類ではあるが，電力容量，動作周波数ともに小さい．その利用は，現在では，交流スイッチとして調光器などに限定される．

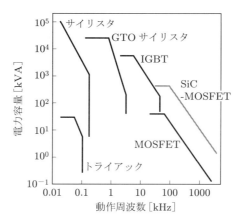

図 1.44 スイッチングパワーデバイスの電力容量と動作周波数

1.8 節で述べたワイドバンドギャップ半導体は，スイッチングパワーデバイスの電力容量と動作周波数に関するこのようなマッピングを塗り替える可能性がある．SiC 材料でできた MOSFET (SiC-MOSFET) は，MOSFET の動作周波数を維持して IGBT の領域に迫る電力容量をもつ．まだ高価で，シリコン (Si) 製のパワーデバイスにはコストパフォーマンスで劣るため普及していないが，近い将来パワーエレクトロニクスの主力デバイスになると考えられている．

Column 次世代パワーデバイスの研究開発

現在，半導体材料の中心はシリコン (Si) であり，ほとんどのパワーデバイスは Si で作られている．Si は日本語でケイ素とよばれ，酸素に次ぎ地球で 2 番目に多い（地殻に 26.77% 含有）元素である．Si は，半導体材料として高純度・単結晶化しやすく，不純物量の調整（抵抗率の制御）が容易で，集積化の加工がしやすい．これらの好条件と製造技術の進展によって，パワーデバイスを含む Si 製半導体が主役を務めてきたのである．しかし，その性能は物性限界に近づいていて，さらなる性能向上は困難な状況にまで達したといわれている．

Si 半導体の性能限界を超えるべく，半導体材料とそれを用いたパワーデバイス構造の研究開発が行われている．前述の次世代パワー半導体デバイスで述べたワイドバンドギャップ半導体（表 1.1 の SiC，GaN，ダイヤモンド）が一例である．各半導体材料の物性値より求めた耐電圧に対するオン抵抗は，図 1.45 のようになる．この図から SiC の場合，同じ耐電圧であれば，Si の 2 桁低いオン抵抗となる．さらに，同じワイドバンドギャップ半導体では，GaN は SiC よりオン抵抗がやや低く，ダイヤモンドに至っては GaN よりさらに 1 桁以上低い．いい換えると，同じオン抵抗であれば，ワイドバンドギャップ半導体は Si に比べ桁違いの高耐圧化が可能である．

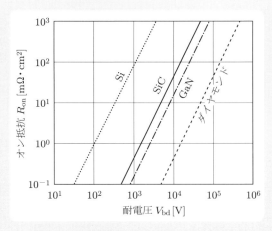

図 1.45　各半導体の耐電圧に対するオン抵抗

図 1.46 (a) は市販の Si 製の Si-IGBT，(b) は産業技術総合研究所の TPEC (Tsukuba Power Electronics Constellations) で研究開発が進められている超高耐圧の SiC 製の SiC-MOSFET のパッケージ外観である．Si-IGBT の耐電圧が 2.5 kV であるのに対して，ほぼ同サイズの素子を用いた SiC-MOSFET は 13 kV の耐電圧である．

ワイドバンドギャップ半導体は Si を凌駕する基本特性をもつが，エピタキシャル成長やバルク成長などにおいては，欠陥のない結晶材の開発が困難であり，実用化へ

15 mm

（a）市販の 2.5 kV 耐電圧 Si-IGBT　　（b）TPEC で開発された
　　　　　　　　　　　　　　　　　　　　　13 kV 耐電圧 SiC-MOSFET

図 1.46 市販の高耐圧 IGBT と開発中の 13 kV 耐圧 SiC-MOSFET

の課題が多い．ワイドバンドギャップ半導体の中でデバイス製作のしやすさは，SiC，GaN，ダイヤモンドの順である．課題を抱えつつも，SiC や GaN の MOSFET や SBD が市場に現れ，インバータやパルスパワーとよばれる特殊電力への応用研究も行われるようになってきている．**図 1.47** は，パルスパワー回路で (a) Si-IGBT の場合と (b) SiC-MOSFET の場合のオン特性を比較した電圧および電流波形である．パルスパワー回路でのスイッチングは，短時間に急峻な電流を流すのでパワーデバイスでの負担が大きい．図は同じ条件での LC 共振波形であるが，Si-IGBT の場合はコレクタエミッタ間電圧 V_{CE} が下がりきる前にコレクタ電流 I_C が流れ出しているのに対し，SiC-MOSFET の場合はドレーン－ソース間電圧 V_{DS} が高速で降下し，ほぼ下がりきったタイミングで sin 波状のドレーン電流 I_D が流れ出す．**図 1.48** は各電圧における損失率を示す．損失率は（スイッチング損失）/（入力エネルギー）である．SiC-MOSFET は Si-IGBT に比べ損失率が低く，とくに高電圧になると，その差は顕著に開いていっているのがわかる．

　ワイドバンドギャップパワーデバイスは，低コストで自らの物性値を引き出すことが

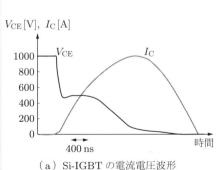
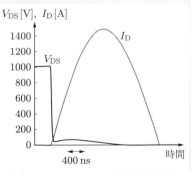

（a）Si-IGBT の電流電圧波形　　　　（b）SiC-MOSFET の電流電圧波形

図 1.47 パルスパワー回路におけるスイッチング波形比較

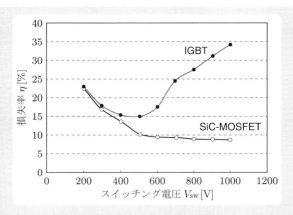

図1.48 スイッチング時の損失率

できれば，スイッチの高速性と（超）低損失を実現する理想的なスイッチングデバイス
として主役の座に躍り出るだろう．

演習問題

1-1 p形半導体とn形半導体について簡単に説明せよ．

1-2 pn接合をもつダイオードにおいて，接合面近傍に電子も正孔もない領域を形成することがあるが，この領域を何とよぶか答えよ．

1-3 前問1-2のダイオードで陽極から陰極の間の電圧（順電圧）を0Vから徐々に増加させると，pn接合面に電位差が生じ，電流をほとんど流さない．これを何とよぶか答えよ．さらに電圧を増すと，ある閾値電圧で順電流が流れ始める．シリコン製ダイオードの場合，この電流が流れ始める電圧を求めよ．

1-4 前問1-3のダイオードで逆方向に電圧を印加して，徐々に逆電圧を増していくと，急に逆電流が流れる．このときの逆電圧を何電圧というか答えよ．また，逆電流が流れる領域を何領域というか答えよ．

1-5 前問1-4の逆電流の流れる現象を積極的に利用したダイオードを何とよぶか答えよ．

1-6 ダイオードに順電圧が印加され順電流が流れている状態から急に逆電圧に切り替わると，一気に逆電流が流れる．この空乏層が逆回復するまで流れ続ける現象を何とよぶか答えよ．また，逆電流が流れてから回復するまでの時間を何とよぶか答えよ．

1-7 高速に逆電流から回復するようにつくられたダイオードとは何とよぶか答えよ．また，高速回復時のサージ電圧対策を施したダイオードは何とよぶか答えよ．

1-8 ショットキーバリヤダイオードの構造と記号を描き，その特徴を述べよ．

1-9　各パワー半導体スイッチングデバイスについて，以下の設問に答え，【例】にならって
パワースイッチングデバイスの分類表（**表**1.2）を完成させよ．

（1）各デバイスの図記号を図記号の欄に描きなさい．端子の名称も英数字で端子位置に
記入せよ（アノード：A，カソード：K，ゲート：G，コレクタ：C，エミッタ：E，
ベース：B，ドレーン：D，ソース：S，T1 端子：T_1，T_2 端子：T_2）.

（2）各デバイスの入力信号による制御の欄にターンオン / ターンオフ制御の可否を○×
で記入せよ．

（3）各デバイスのデバイス形態の欄に（非：非可制御，ラ：ラッチ型，自：自己消弧型）
のいずれかあてはまるものを記入せよ．

（4）各デバイスの駆動方法の欄に（V：電圧，I：電流）のいずれかあてはまるものを記
入せよ．

（5）各デバイスの動作領域を容量と動作周波数の**図**1.49 より A 〜 E で選び，動作領域
の欄に記入せよ．

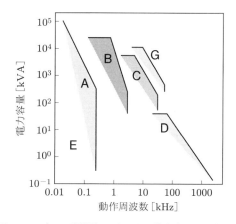

図 1.49　パワー半導体スイッチングデバイスの動作領域

表1.2 パワースイッチングデバイスの分類

種類	図記号	入力信号による制御		デバイス形態	駆動方法	動作領域
		ターンオン	ターンオフ			
【例】SI サイリスタ	A G K	○	○	自	I	G
サイリスタ						
GTO サイリスタ						
バイポーラトランジスタ						
IGBT						
MOSFET						
トライアック						

1-10 パワー MOSFET の基本構造（断面図）を図示し，動作特性ついて述べなさい．

1-11 IGBT の等価回路を，トランジスタ，MOSFET と抵抗を用いて図示せよ．

1-12 IGBT の基本構造を図示し，動作特性について述べよ．

1-13 パワーモジュールとはどのようなものか説明せよ．また，パワーモジュールのインテリジェント化についても述べよ．

1-14 現在主流であるシリコン製の半導体に代わると期待されている次世代半導体の材料にはどのようなものがあるか列挙せよ．

2 パワーデバイスの駆動と保護

この章の目標··
・各デバイスのゲート駆動原理を理解し，ゲート回路設計技術を習得すること．
・デバイス保護，逆並列ダイオードやスナバ回路の必要性を理解すること．
・デバイスの損失と発熱対策を理解すること．
··

　通常，トランジスタはベース電流の増減でコレクタ電流を増幅制御して使用することが多いが，パワーエレクトロニクス技術で使用するパワーデバイスは，大きな電力のスイッチング制御に利用することがほとんどである．こうしたパワーデバイスのオン／オフの駆動制御する端子を**ゲート** (gate) とよび，ゲート端子接続する駆動回路を**ゲート回路** (gate circuit) という．

　各パワーデバイスには電流，電圧，使用温度などに定格値があり，その値を超えて使用すると，破損する．パワーデバイスを定格内で使用するためには，各種の保護回路をデバイス周辺に構成する必要がある．また，定格温度を超えないように，冷却器を用いる必要がある．

　本章では，各種パワーデバイスを駆動するためのゲート回路の構成，スイッチング時に発生するサージ電圧の抑制方法と，パワーデバイスの発熱による対策として冷却方法について述べる．

2.1 スイッチングデバイスの駆動回路

　パワーデバイスのゲート構造は，絶縁ゲート構造か，そうでないかの二つに大別できる．それによって，ゲート回路のオン／オフに必要な電流を流すのか，必要な電圧印加をするのかに分かれる．本書では，前者を電流駆動型回路，後者を電圧駆動型回路として説明していく．一般に，パワーデバイスが組み込まれている主回路電位と制御回路の電位は異なるため，両回路には絶縁が必要で，パルストランスやフォトカプラが用いられる．

2.1.1 電流駆動回路

　サイリスタに代表されるバイポーラデバイスはほとんどが電流駆動型である．電流駆動型デバイスとしては，サイリスタ，トライアック，GTOサイリスタ，バイポーラトランジスタがある．サイリスタやトライアックは自己消弧能力のないラッチ型のデバイスで，GTOサイリスタとバイポーラトランジスタは自己消弧能力のある非ラッチ型デバイスである．当然，自己消弧能力の有無で駆動回路も異なってくる．

　また，ラッチ型か非ラッチ型かにかかわらず，これらのデバイスを高速にターンオンするには，ゲート電流も高速に供給する必要がある．前章でも述べたが，サイリスタはゲート端子から電流が供給されることにより導通領域が拡散していくので，電流集中を緩和することができる．高速の電流供給は，スイッチングの高速化のほかにも，低損失化にも寄与するのである．

[1] 各種電流駆動型パワーデバイスの動作

　電流駆動型パワーデバイスのゲート電流波形の模式図を**図2.1**に示す．各デバイスとも，ゲート電流あるいはベース電流にはターンオンする閾値があり，また許容できるゲート電流値もあるので，これらを考慮しなければならない．ターンオフデバイスでは，負電流を流す必要があり，同様に許容値を考慮しなければならない．

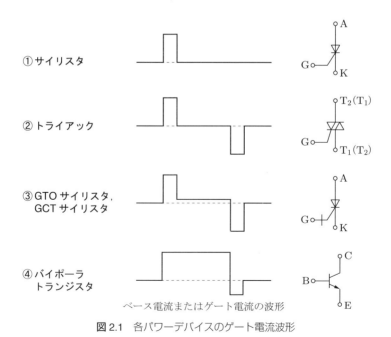

① サイリスタ

② トライアック

③ GTOサイリスタ，GCTサイリスタ

④ バイポーラトランジスタ

ベース電流またはゲート電流の波形

図2.1　各パワーデバイスのゲート電流波形

　①のサイリスタは，ゲートカソード (G-K) 間にゲート電流を流すことでターンオンするラッチ型デバイスなので，ターンオンした後はゲート電流の供給がなくなってもオン状態を保持しており，アノード‐カソード間の順方向電流が消失することで自然消弧する．よって，サイリスタはターンオンのみのパルス状の電流供給を考えればよい．

　②のトライアックは，双方向サイリスタなので，正負両方のゲート電流を流すことで導通方向も正負のゲート電流に対応させることができる．

　③の GTO サイリスタや **GCT** (gate commutated turn-off) **サイリスタ**は，自己消弧能力をもつターンオフデバイスである．ターンオンはサイリスタ同様 G-K 間に正のゲート電流を流すことで実現するが，パルス状の電流の後に若干の電流を流し続けることでターンオン状態を維持する．ターンオフは G-K 間に負のゲート電流を流す．ターンオン時，ターンオフ時ともに，パルス状のゲート電流である．GCT サイリスタは，GTO サイリスタと同様の基本構造をもつが，GTO サイリスタがリードから伸びた 1 箇所のゲート端子であるのに対して，デバイスパッケージの外周部にリング状のゲート電極を設けている構造となっている．このようにして，GCT サイリスタはゲートのインダクタンスを大幅に低減するとともに，ターンオフ時に主電流をゲートからすべて引き出せるようになっている．また，ゲートの低インダクタンス化は，ターンオフのみならずターンオンの高速動作も実現している．**図 2.2** に GCT サイリスタの外観を示す．ゲート回路とデバイスが一体化されていることがわかる．

　④のバイポーラトランジスタは，ベース‐エミッタ（B-E）間に正のベース電流を流すことでターンオンする．オン状態を維持するためには，ベース電流を流し続ける必要がある．ターンオフは電流の供給をなくせばよいのだが，若干負のベース電流を流すことで確実にターンオフさせる．

図 2.2　GCT サイリスタの外観

[2] GTO サイリスタのゲート回路

　電流駆動型デバイスの中の GTO サイリスタの実際のゲート回路について考える．前述のとおり，GTO サイリスタは，ターンオン時には立ち上がりの速いパルス状の正電流をゲート‐カソード間 G-K に流し，オン状態を維持するために若干の電流を流し続け，ターンオフ時にはパルス状の負電流を流す必要がある．

　図 2.3 に，GTO サイリスタのゲート回路とゲート電流波形を示す．トリガー制御の TTL (transistor-transistor logic) 信号は，ノイズの影響を受けないようにフィル

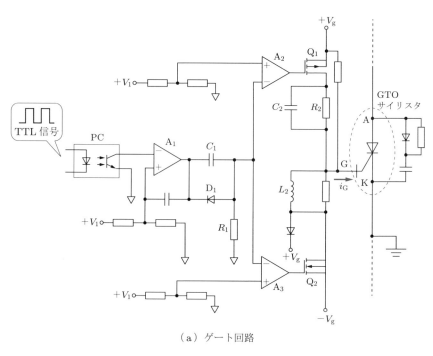

（a）ゲート回路

（b）ゲート電流 i_G の波形

図 2.3　GTO サイリスタのゲート回路とゲート電流波形

タやシールドなどが施されている．また，主回路と制御信号の絶縁をとる必要がある
ため，**フォトカプラ** (PC: photo coupler) が用いられている．増幅回路を介してスイ
ッチ Q_2 のオン動作で，GTO サイリスタの G-K 間に正電流を流す．Q_2 のスイッチ
ング時には，ゲート抵抗 R_2 を通ってパルス状の電流が供給される．

2.1.2 電圧駆動回路

電圧駆動型のパワーデバイスとしては，MOSFET と IGBT がある．第 1 章でも
説明したように，ゲート端子に電圧を印加することで電荷を p 層に蓄積してチャネ
ルを形成し，ターンオンする．また，逆の電圧を印加してチャネルを消滅させるとと
もに蓄積された電荷を引き抜くことで，ターンオフ動作を確実に行う．ゲート電圧が
印加されていなくてもオン状態であるノーマリーオンの電圧駆動型パワーデバイスで
は，オフ状態を維持するために負電圧をゲート端子に印加し続ける必要がある．

図 2.4 にゲート電圧波形の模式図を示す．(a) に示す，通常ゲート電圧がない場合
にオフ状態を維持しているノーマリーオフ型のデバイスでは，ターンオン時に正電圧
を印加し，ターンオフ時は 0 V にすることでスイッチングを制御する．一方，(b) に
示す，ノーマリーオン型のデバイスでは，ゲートに逆バイアス電圧がない場合はオン
となる．そのため，オフ状態を維持するために負の電圧をゲートに印加する必要があ
る．ターンオン時は閾値以上の電圧を印加する．

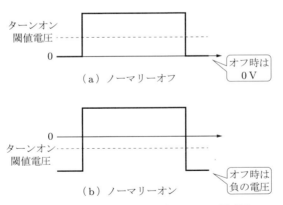

図 2.4　MOS デバイス向けゲート電圧の模式図

図 2.5 にパワー MOSFET 駆動用のゲート回路を示す．通常，低電圧の TTL 信号
をオン / オフのトリガー信号として用いる．TTL 信号とゲート回路は，フォトカプ
ラ (PC) などを用いて電気的に絶縁されている．パワーエレクトロニクス回路では，
制御ラインとパワーラインは，ノイズによる誤動作を防ぐために電気的に絶縁するの

が一般的である．入力信号は PC で伝達され，増幅された後，プラスの直流電源に接続されたスイッチ Q_1 とマイナスの直流電源に接続されたスイッチ Q_2 の動作タイミングを制御して，出力端にあるゲート抵抗 R_G を通してパワーデバイスの MOSFET のゲート端子 G に入力される．Q_1 がオン，Q_2 がオフの期間は，$+V_{on}$ の電圧が MOSFET に印加され，MOSFET はオン状態となる．Q_1 がオフ，Q_2 がオンの期間は，ゲート端子 G にマイナス電圧 $-V_{off}$ が印加されて，MOSFET はオフ状態となる．多くの IGBT やパワー MOSFET では，ゲート電圧として，±15 V が利用されている．また，次世代半導体の SiC 製のデバイスでは，+24 V と –5 V が利用される．市販されている各素子には各メーカからゲート電圧の推奨値が出されているので，設計時には気を付けなければならない．電圧駆動のゲート回路とはいっても，まったく電流を流さないのではなく，若干のゲート電流は流す必要がある．

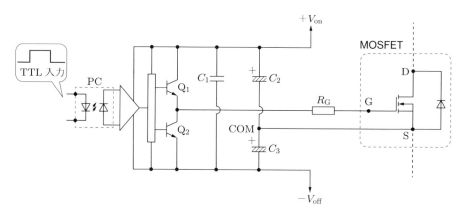

図2.5　MOS ゲートパワーデバイス駆動用ゲート回路

　また，MOSFET や IGBT には，導通路であるチャネルを効果的に形成するためのゲート－ソース間の電荷量 Q_{gs} が決まっている．ゲート抵抗 R_G は各パワーデバイスのゲート条件に応じて決めなければならない．図2.5 では MOSFET 用のゲート回路として示しているが，IGBT のゲート回路も同様の回路が適用できる．ただし，ゲート電圧は各素子によって異なるので，メーカが仕様書などで推奨している値を使う必要がある．Si 製の IGBT のゲート電圧には，オン時に +15 V，ターンオフ時に –15 V を使用することが多い．図2.6 に IGBT のゲート回路の構成例を示す．各メーカからゲートドライブ用のフォト IC が製品化されている．フォト IC の中は絶縁用のフォトカプラと増幅回路とスイッチ 2 個で構成されている．電源は絶縁型の DC/DC コンバータから供給されていて，これらを使用することで部品点数が削減される．C_1 は高周波ノイズを吸収するための，いわゆる**バイパスコンデンサ**（パスコン）で，

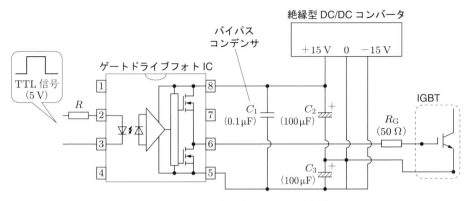

図 2.6　IGBT 駆動用ゲート回路の構成例

C_2 と C_3 は電圧を安定させるための電解コンデンサである．ゲート抵抗 R_G は，前述のとおり，駆動するデバイスのゲート入力容量を考慮して，抵抗値を選べばよい．

2.2 逆並列ダイオード

　スイッチングを行うパワーデバイスは，一般に逆電圧に対する耐量が低い．そのため，ほとんどのスイッチングデバイスは，デバイスごとに逆並列にダイオードが接続されている．図 2.7 に，逆並列ダイオードを備えた 3 種類のスイッチングデバイスを示す．図内の破線部が逆並列ダイオードである．この逆並列ダイオードを**環流ダイオード** (FWD: free wheel diode) とよぶこともある．この逆並列ダイオードには高速に電流を流し，スイッチングデバイスに過度な逆電圧が印加されないようにしなければならない．そのため，デバイスに逆並列接続されるダイオードには高速性が要求される．

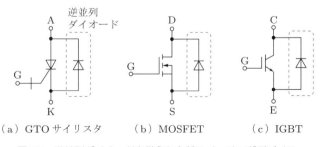

（a）GTO サイリスタ　　（b）MOSFET　　（c）IGBT

図 2.7　逆並列ダイオードを備えた各種スイッチングデバイス

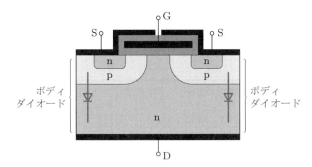

図 2.8 ボディダイオードを内蔵した DMOS の構造

　最近の製品のほとんどが，この逆並列ダイオードをモジュールパッケージ内に内蔵した形で販売されている．図 2.7 (b) の MOSFET で縦型構造の場合，**図 2.8** に示す DMOS のように，構造的にドレーン - ソース間に逆並列の**ボディダイオード** (body diode) が存在する．そのため，とくに外部に逆並列ダイオードを接続しなくても保護機能をもつが，積極的に逆導通を行う場合には，適正な電流定格をもつ高速の逆並列ダイオードを接続する必要がある．

2.3　ターンオフサージ対策

　高速にスイッチング動作するパワーデバイスにおいては，ターンオン時にはサージ電流，ターンオフ時にはサージ電圧が発生する．とくに，パワーデバイスがオン状態で電流が流れているときにターンオフ動作を行うと，スパイク状のサージ電圧が発生する．このサージ電圧のピーク値が使用しているパワーデバイスの定格電圧を超えると，デバイスの破壊に至ることがある．このサージ電圧の発生原因としては，急激な電流遮断によって，インダクタンスに蓄えられたエネルギーが放出されることが考えられる．

　発生するサージ電圧 V_{surge} は，次式で表すことができる．

$$V_{\mathrm{surge}} = L\frac{di}{dt} \tag{2.1}$$

ここで，L はスイッチング回路のインダクタンス，di/dt はターンオフの電流変化率である．高速ターンオフを実現しつつ，ターンオフサージを抑制するには，回路のインダクタンスを小さくする必要がある．このインダクタンスは寄生インダクタンスを含んでおり，スイッチング回路の配線における寄生インダクタンスをいかになくすかが課題となる．とくに，高速にスイッチングできる MOSFET では大きなターンオ

フサージ電圧が発生しやすいので，定格電圧を超えないような設計に気を付けなければならない．

図 2.9 に，MOSFET をターンオフさせたときのドレーン電流 I_D とドレーン‐ソース間電圧 V_DS の波形を示す．高速でターンオフすると，I_D は急速に遮断されるため，電流変化率 di/dt が大きい．そのため，ターンオフサージ電圧が大きくなる．このターンオフサージ電圧は次第に印加されていた電圧に落ち着くが，サージ電圧の最大値が MOSFET の定格電圧を超えると破壊に至る．

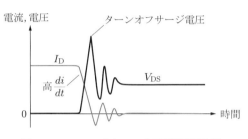

図 2.9 MOSFET のターンオフ電流電圧波形

サージ電圧抑制策として，ゲート抵抗値などを大きくしてターンオフ時のゲート電圧を緩やかにすることで，I_D の変化率 di/dt を小さくしてターンオフサージ電圧を抑制する方法もあるが，ターンオフ時間が長くなるので，高いスイッチング周波数で動作させる用途には向かない．

ほかのサージ電圧抑制策として，**スナバ回路** (snubber circuit) をスイッチングデバイスの周りに構成する方法がある．スナバ (snubber) とは，元々ショックを和らげるとか，発生サージを緩衝するという意味である．回路条件によって di/dt の抑制ではサージ電圧に対応できない場合，GTO サイリスタや IGBT などのスイッチングデバイスに利用されることが多い．スナバ回路は基本的に，スナバ抵抗 R_s，スナバコンデンサ C_s，スナバダイオード $\mathrm{D_s}$ から構成されている．スナバ回路を使う目的は，サージ電圧発生原因となる余剰なエネルギーを吸収するためである．

図 2.10 に，スイッチ Q として示した IGBT のコレクタ‐エミッタ間に取り付けたスナバ回路を示す．図 2.10 (a) の RC スナバ回路は，抵抗とコンデンサだけの最も簡単な構成である．サージの吸収を C_s が行う．C_s の容量を大きく，R_s の抵抗値を小さくすると，サージ吸収の効果があるが，損失も振動も増加する．逆に，C_s を小さく，R_s を大きくすると，損失は抑えることができるが，元の電圧への復帰が遅くなる．

図 2.10 (b) の RCD スナバ回路は，スナバ抵抗をバイパスするようにスナバダイオードを付けたものである．R_s を介さず C_s がサージ吸収できるので，サージ吸収効果

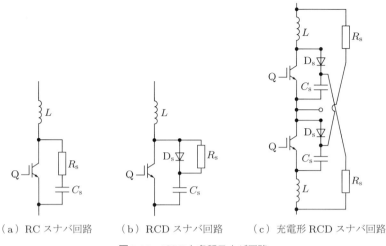

（a）RC スナバ回路　　　（b）RCD スナバ回路　　　（c）充電形 RCD スナバ回路

図 2.10　IGBT と各種スナバ回路

は大きいが，RC スナバ回路と同様に，損失が大きいのが欠点である．

　図 2.10 (c) は，充電形 RCD スナバ回路とよばれるもので，電位が高いハイサイドと電位が低いローサイドの両方にスイッチ Q をもつ場合である．C_s の容量に応じてサージ吸収効果があり，サージの分だけの損失となるので，ほかのスナバ回路より低損失となる．

　前述のとおり，サージ発生の原因はインダクタンスに由来するものなので，いずれのスナバ回路においても，R_s，C_s，D_s には無誘導型とよばれる寄生インダクタンスの小さなものを選定する必要がある．

2.4　発熱対策

　パワーデバイスは導通時に発熱を伴う．さらに，スイッチングデバイスでは，導通時の損失のほかに，ターンオン時とターンオフ時に発生するスイッチング損失が加わる．これら損失のために，パワーデバイスは発熱する．パワーデバイスには使用可能な温度範囲があり，発熱などにより温度の定格値を超えると破壊に至る．最近のパワーデバイスは低損失化が進んできているが，パワーエレクトロニクス回路においてはスイッチングの高周波化も進んできており，パワーデバイスの発熱対策としての冷却技術は必須のものとなっている．

　環流ダイオード (FWD) を備えた IGBT モジュールの場合，発熱源となる損失の内訳は**図 2.11** のようになる．素子全体の損失を大別すると，IGBT と FWD に分け

られる．IGBT は，定常導通損失のほかに，ターンオンとターンオフのスイッチング時の損失がある．一方，FWD は，FWD の順電流が流れている導通時と，逆方向に流れて逆回復するときの損失がある．これら全体が半導体素子全体の電力損失となり，発熱の原因となる．そのときの電流電圧波形の状態を**図 2.12** に示す．電力損失は電圧と電流の積で求められる．IGBT 導通時には，コレクタ–エミッタ間電圧は 0 V ではなく，若干のオン電圧があるため，損失が生じる．ターンオンとターンオフでは大きな電力となり，損失が生じる．FWD には，導通時の損失と，IGBT がターンオフしたときに逆電流が流れることによる逆回復時の損失がある．

損失による発熱などが原因で物体に温度勾配（高温部と低温部の温度差）が生じると，熱伝導による熱の移動が起こる．発熱体の熱除去，すなわち冷却を考える場合，同じ物質内の熱移動（熱伝導）と固体壁面から周囲媒質への熱移動（熱伝達）を検討しなければならない．

図 2.11　FWD 内蔵 IGBT モジュールの損失の内訳

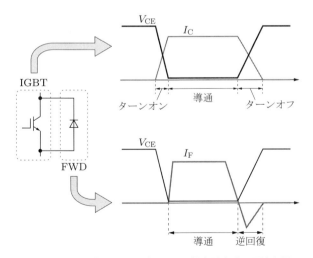

図 2.12　FWD 内蔵 IGBT モジュールの損失発生時の電流と電圧

　熱回路と電気回路には相似 (analogy) の関係がある．**図** 2.13 にオームの法則を例にした相似の関係を示す．熱流量は熱抵抗と温度差に依存することが直感的に理解できる．冷却設計を行う場合，**熱抵抗** (thermal resistance) が既知でなければならない．

熱流量　Q　：　電流　　　I
温度差 ΔT　：　電位差　ΔV
熱抵抗　θ　：　電気抵抗 R

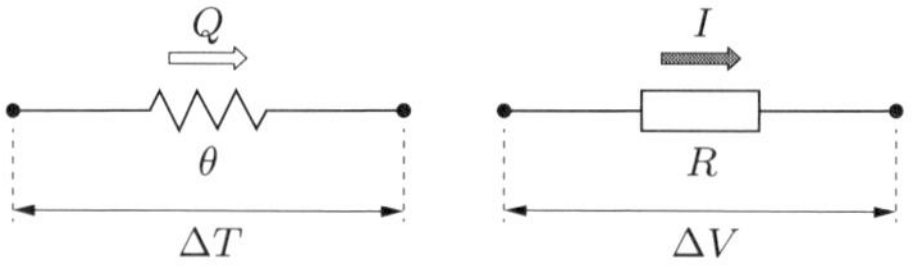

$$Q \qquad\qquad\qquad I$$
$$\theta \qquad\qquad\qquad R$$
$$\Delta T \qquad\qquad\qquad \Delta V$$

図 2.13　熱回路と電気回路との相似性

　パワーデバイスには，**接合温度** (junction temperature) T_j の定格値がある．接合温度とは，半導体の pn 接合面の温度を指し，実際の使用においては許容最大接合温度 $T_\mathrm{j\,max}$ を超えないような冷却設計をしなければならない．**図** 2.14 に，パッケージ内の半導体素子から放熱板を介して周囲媒質に至るまでの，熱移動の模式図と各部の温度を示す．T_j は半導体素子とパッケージの接合温度，T_c はパッケージと放熱板の接合温度，T_f は放熱板の周囲媒質との境界面の温度，T_a は十分に離れた周囲媒質の温度である．この場合，半導体素子が発熱体であるので，$T_\mathrm{j} > T_\mathrm{c} > T_\mathrm{f} > T_\mathrm{a}$ となる．半導体素子の発熱には，導通損失とスイッチング損失があり，スイッチング損失はターンオン損失とターンオフ損失に分けられる．これら損失の積算値が半導体素子の発生熱量となる．半導体素子の冷却は発生熱量を効率良く循環している周囲媒質に伝達させることが重要になる．

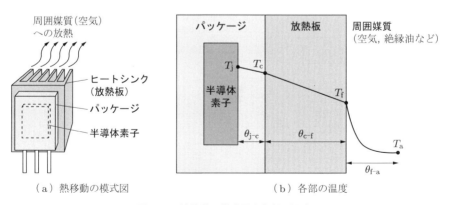

（a）熱移動の模式図　　　　　　　　　（b）各部の温度

図 2.14　熱移動の模式図と各部の温度

半導体素子で発生した熱量がパッケージを通過して放熱板に達する割合は熱抵抗 $\theta_{j\text{-}c}$ に依存し，同様に，パッケージから放熱板を通過して周囲媒質に達する割合は $\theta_{c\text{-}f}$ に依存する．そして，放熱板から周囲媒質への移動熱量は $\theta_{f\text{-}a}$ で決まる．半導体素子での電力損失と発熱に伴う熱移動を等価熱回路として，**図 2.15** に示す．半導体素子で発生した損失がすべて熱になった場合，半導体素子は発熱しパッケージより高い温度となる．前述のとおり，温度は $T_j > T_c > T_f > T_a$ の関係になる．

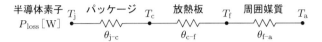

図 2.15 半導体素子から周囲媒質に至る等価熱回路

しかし，放熱板から周囲媒質への熱移動は，熱伝達率（または熱伝達係数）で決まる．熱伝達率の逆数を放熱面積で除したのが熱抵抗となる．熱伝達率は熱の移動する接触面積や周囲媒質の状態（対流や流量）などの影響を受け変化するので，単純ではない．厳密には，局所的に変化する係数である．実際の冷却設計においては，局所的な変化を考慮しつつも複雑な計算を避けるために，平均値を使うことが多い．

図 2.16 に，パワーデバイスの冷却によく利用される各種流体の冷却方式による熱伝達率の概略を示す．パワーデバイスの冷却方式は冷却媒質により異なってくる．冷却媒質は流体で，おもに空気，水（純水），絶縁油とフルオロカーボンに代表される有機液体などがある．熱伝達率に幅があるのは，熱伝達する面積や形状などにより変化するためである．最も簡便な冷却方法は空気の自然対流を利用することであるが熱伝達率は小さい．一方，水などの液体は熱伝達率に優れるが冷却に伴う循環・攪拌装置，配管や放熱板（ヒートシンク）で構成される冷却設備が複雑になる．

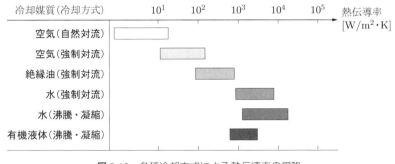

図 2.16 各種冷却方式による熱伝達率の概略

演習問題

2-1 パワーデバイスの中でスイッチングを行うデバイスを列挙し，電流駆動型と電圧駆動型に分類せよ．

2-2 前問 2-1 で分類した電流駆動型デバイスのゲート電流波形を示せ．

2-3 前々問 2-1 で分類した電圧駆動型デバイスのゲート電圧波形を示せ．

2-4 MOS ゲートパワーデバイス駆動用ゲート回路を描け．MOS ゲートデバイスのゲートに接続する出力端のゲート抵抗の抵抗値はどのように選べばよいか述べよ．

2-5 パワーデバイスは一般に逆電圧に弱いが，保護対策としてどのようにしているのか，図示して説明せよ．

2-6 ターンオフデバイスのターンオフ時にサージ電圧が発生するが，その対策としてスナバ回路を接続する方法がある．代表的な 3 種類のスナバ回路を例示して，それぞれの特徴を述べよ．

2-7 ターンオフサージが発生するメカニズムを説明せよ．そして，スナバ回路以外のターンオフサージを低減する方法を述べよ．

2-8 熱回路と電気回路には相似性がある．電気回路の電流，電位差，電気抵抗は，熱回路ではそれぞれ何に相当するか答えよ．

2-9 パワーデバイスの発熱する要因にはどのようなものがあるか説明せよ．

3 整流回路

この章の目標･･･
- ダイオードを用いた整流回路を理解すること.
- サイリスタを用いた整流回路習得し制御角 α の役割を理解すること.
- 単相から三相の交流を整流する回路を図示できるようになること.
･･

　我々の周りにある電力系統や家庭用のコンセントが供給しているのは,交流電力である.しかし,直流を電源とする機器は我々の身の周りに数多く存在する.ポータブルラジオや AV 機器,ノートパソコンやスマートフォンなどが直流電源を使用するものがほとんどであることは周知のことである.鉄道では 1500 V の直流を使用しているところがある.また,電気めっきや金属精錬などの分野で,大電力の直流が利用されている.

　本章では,ダイオードやサイリスタを用いた電力変換機器の中でも最も基本的な回路である,交流電力を直流電力に変換する**整流回路**(順変換回路,コンバータ回路ともよばれる)について述べる.

3.1 ダイオード整流回路

　最もよく知られた整流回路でなじみのあるものは,ダイオードを用いた整流回路である.単相交流や三相交流などの種類によって,ダイオードの数や構成が異なってくる.ダイオード整流は能動的に制御されたものではなく,回路内に存在するコンデンサやインダクタなどの受動素子の影響を受ける整流波形となる.

3.1.1 ダイオード単相半波整流

　単相交流を最も少ないダイオード 1 素子で整流する回路は,**図 3.1** (a) のようになる.ここでは,ダイオード D と負荷抵抗 R は理想的な素子として考える.よって,D には逆電流は流れず,R も抵抗成分のみとして説明する.入力の交流電圧を $V \sin\omega t$ とすると,R に流れる電流と R 両端の電圧は,図 3.1 (b) のように表される.ここで,$\sin\omega t = 1$ のとき,V_s は最大電圧値で V に等しい.π から 2π にかけての交

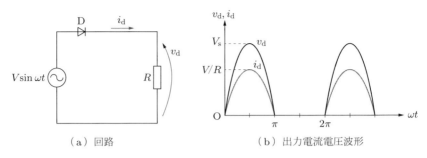

(a) 回路　　　　　　　　　　　　（b）出力電流電圧波形

図 3.1　単相半波整流回路と出力電流電圧波形

流のマイナス側の電力は出力されない．そのため，この回路では直流電力として使う
には多少無理がある．

　実際の回路では，インダクタンス成分の存在が無視できない．**図 3.2** (a) にインダ
クタンス L をもつ単相半波整流回路，図 3.2 (b) にその出力電流電圧波形を示す．こ
こで，電源電圧を $E = V \sin\omega t$ とし，R と L にかかる電圧降下分をそれぞれ e_R, e_L
とすると，$E = e_R + e_L$ となる．また，$e_L = L\,(di/dt)$ であることから，i_d の最大値
で e_L は 0 となることが理解できる．v_d がマイナスになる現象は L にエネルギーを蓄
積するためである．また，L が大きいと，ωt_1 が大きくなり，電流の立ち上がりはな
だらかになる．このように，整流回路において，L は出力電流 i_d をなだらかにする
はたらきをもつ．なお，インダクタンス成分を意図的に挿入する場合，その L を**平
滑リアクトル** (smoothing reactor) または**直流リアクトル** (DC reactor) という．

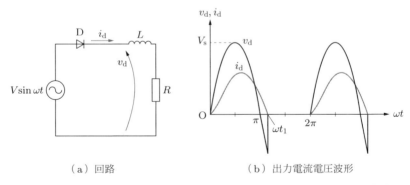

(a) 回路　　　　　　　　　　　　（b）出力電流電圧波形

図 3.2　インダクタンス成分を負荷にもつ単相半波整流回路と出力電流電圧波形

　つぎに，**図 3.3** (a) のように，負荷に並列にコンデンサを入れた場合を考えてみる．
負荷抵抗 R の両端の電圧波形には，図 3.3 (b) に示すように，CR の時定数によって
電圧の降下時間が決まる．このように，負荷に並列に接続したコンデンサは，電圧降

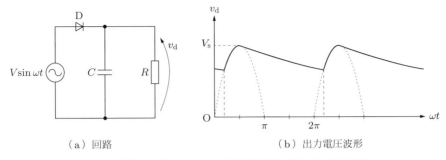

（a）回路 　　　　　　　　（b）出力電圧波形

図 3.3 平滑コンデンサをもつ単相半波整流回路と出力電圧波形

下をなだらかにするため，**平滑コンデンサ**とよばれる．

3.1.2 ダイオードブリッジによる全波整流

　図 3.1 のような半波整流では交流の利用率は 50% であった．これを 100% の利用率となるような全波整流はできないだろうか．単相交流を全波整流するには，**図 3.4** (a) のように，4 素子からなるダイオードブリッジを構成すればよい．そのときの出力電圧波形は図 3.4 (b) のようになり，100% の利用率が得られていることがわかる．

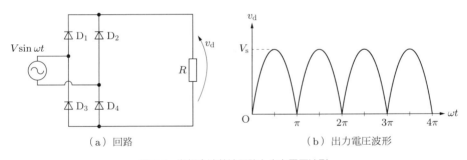

（a）回路 　　　　　　　　（b）出力電圧波形

図 3.4 単相全波整流回路と出力電圧波形

　しかし，図 3.4 (b) の波形は上下に目一杯に**脈動**していて，直流として使うにはまだまだ無理がある．そこで，脈動をなくすために，平滑コンデンサを負荷に並列に入れた回路を考える．その回路例を**図 3.5** (a) に，その出力波形を図 3.5 (b) に示す．シンプルで脈動を押さえられるこの回路は，おもに安価な小型直流電源に使用されることが多い．ここで使用される平滑コンデンサとしては，大きな静電容量をもつ電解コンデンサが主流である．

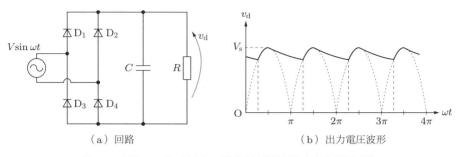

図 3.5　平滑コンデンサをもつ単相全波整流回路と出力電圧波形

　電力容量の大きな整流回路では，入力側には三相交流が使用される．三相交流を全波整流するには，**図** 3.6 (a) のような 6 個のダイオードを使用するブリッジ回路を構成する．図 3.6 (b) はその出力電圧波形である．単相整流回路に比べると，脈動がかなり軽減されるのがわかる．さらに，**図** 3.7 (a) のように，負荷に並列に平滑コンデンサを挿入すると，図 3.7 (b) のような出力電圧波形となり，脈動はほとんどなくなる．これら三相全波整流回路は，おもに大電力用途に利用される．

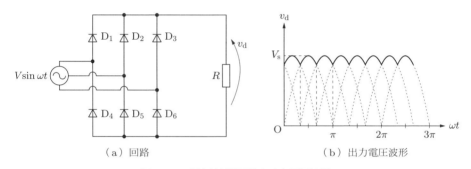

図 3.6　三相全波整流回路と出力電圧波形

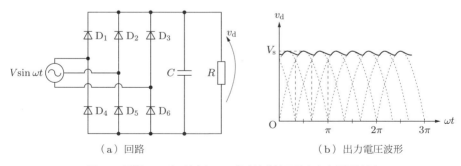

図 3.7　平滑コンデンサをもつ三相全波整流回路と出力電圧波形

Column 脈動率

整流回路における電圧は,たとえば**図3.8**のような波形を示す.通常は,完全に整流(直流化)されることはなく,最大値と最小値の間を行き来する.この波形の最大値と最小値の差を,整流回路での**脈動**あるいは**リプル**(ripple)という.

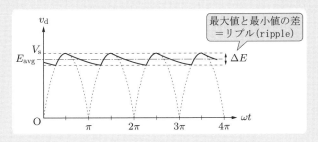

図3.8 リプルと整流された出力平均値

整流回路の性能(整流のでき具合)は,グラフ上で上下せず横にまっすぐなほどよいといえるわけだが,定量的にはどうやって判断すればよいだろうか.

そのためには,**脈動率**(ripple factor)という,リプルと整流された出力平均値の比

$$\varepsilon = \frac{リプル}{平均値} = \frac{\Delta E}{E_{avg}}$$

を考えればよい.この値が小さいほど理想的な直流となるので,脈動率は整流回路での平滑化の指標となる.

Column 実効値と平均値

実効値(RMS: root mean square value)とは,電圧(あるいは電流)の2乗を1周期にわたって平均して平方根(ルート)をとったものである.波形が**図3.9**のような正弦波の場合,電圧の実効値 v_{RMS} は,つぎのようになる.

$$v_{RMS} = \sqrt{\frac{1}{2\pi}\int_0^{2\pi} v(\theta)^2 d\theta} = \sqrt{\frac{1}{2\pi}\int_0^{2\pi} 2V^2\sin^2\theta \, d\theta}$$

$$= \sqrt{\frac{V^2}{\pi}\int_0^{2\pi} \frac{1}{2}\{1 - \cos 2\theta\}d\theta} = \sqrt{\frac{V^2}{2\pi}\left[\theta - \frac{1}{2}\sin 2\theta\right]_0^{2\pi}} = V$$

電流の実効値も同様にして求められる.

さまざまな波形(交流やパルスなど)の電流をある抵抗体(抵抗値 R)に流した場合の発熱量は,それに対応する実効値をもつ電流を直流で同じ抵抗体に流した場合の発熱

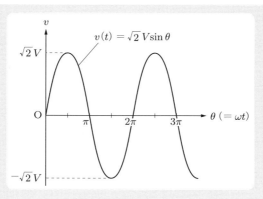

図 3.9 正弦波形の電圧

量 $v_{\mathrm{RMS}}^2/R = i_{\mathrm{RMS}}^2 R$ と等しくなる．つまり，実効値は，さまざまな異なる波形を（発熱量という）同じ尺度で評価する値といえる．

一方，**平均値**（average value または mean value）とは，電圧（あるいは電流）を半周期にわたって平均したものである．（正弦波などでは）1周期で平均するとゼロになってしまうため，半周期で平均するわけである．波形が図 3.9 のような正弦波の場合，電圧の平均値は，つぎのようになる．

$$v_{\mathrm{avg}} = \frac{1}{\pi}\int_0^\pi v(\theta)\,d\theta = \frac{1}{\pi}\int_0^\pi \sqrt{2}\,V\sin\theta\,d\theta$$

$$= \frac{\sqrt{2}\,V}{\pi}[-\cos\theta]_0^\pi = \frac{2\sqrt{2}}{\pi}V \cong 0.9V$$

波形が正弦波の場合，実効値と平均値を用いて，

$$\text{波形率} = \frac{\text{実効値}}{\text{平均値}} \cong \frac{V}{0.9V} \cong 1.11$$

$$\text{波高率} = \frac{\text{最大値}}{\text{実効値}} = \frac{\sqrt{2}\,V}{V} \cong 1.41$$

となることがわかる．

3.2 サイリスタを用いた整流回路

　前述のダイオードを用いた整流回路では，交流電力を能動的なスイッチのオン／オフ制御による整流動作はしていないため，整流された電力の調整はできない．一方で，能動的なターンオンができるサイリスタを用いれば，ターンオンのタイミングを調整して整流された電力量の出力制御が可能である．サイリスタの点弧角を調整して出力制御する整流回路は，**位相制御型整流回路**とよばれる.

3.2.1 単相半波サイリスタ整流

　この整流回路は，最も簡単なサイリスタ整流回路構成で，製作も容易である．一般に，出力にリプルが含まれるのが許容でき，負荷電流が小さい場合に適用される．サイリスタ整流の基本となる回路である．回路は，**図 3.10** (a) に示すように，純粋な負荷抵抗に接続されているものとする．図 3.10 (b) は，単相の入力電圧 v_s（上段），サイリスタのゲート電流 i_G（中段），出力電圧 v_d（下段）の各波形である．ゲート電

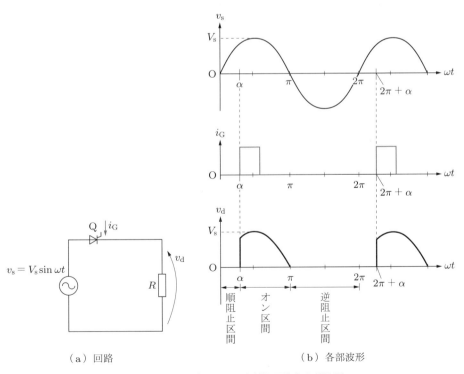

（a）回路　　　　　　　　　　　　　（b）各部波形

図 3.10　単相半波サイリスタ整流回路と各部波形

流が入力されるタイミング α を**制御角** (phase control angle) または制御遅れといい，ゲート電流 i_G を流さないこの α までの期間を**順阻止区間**という．順阻止区間はサイリスタがオン状態でないので，負荷抵抗 R に電圧は発生しない．$\omega t = \alpha$ でゲート閾値以上の電流を流すと，サイリスタはオン状態になり，負荷に電圧 v_d が印加される．サイリスタに逆電圧がかかる π から 2π までの区間は**逆阻止区間**といい，負荷電圧は発生しない．

　スイッチングデバイスをオフ状態からオン状態にすることを**ターンオン** (turn-on) または**点弧**といい，その逆のオン状態からオフ状態にすることを**ターンオフ** (turn-off) または**消弧**という．

　単相サイリスタ整流回路の負荷電圧 v_d は，制御角 α を制御することで，負荷電圧の平均値 E_d を調整することができる．E_d は，$\omega t = \theta$ として，つぎのように求められる．

$$E_d = \frac{1}{2\pi} \int_0^{2\pi} e_d \, d\theta = \frac{1}{2\pi} \int_\alpha^\pi v_d \, d\theta = \frac{2\sqrt{2}}{2\pi} V \cdot \frac{1 + \cos \alpha}{2} \tag{3.1}$$

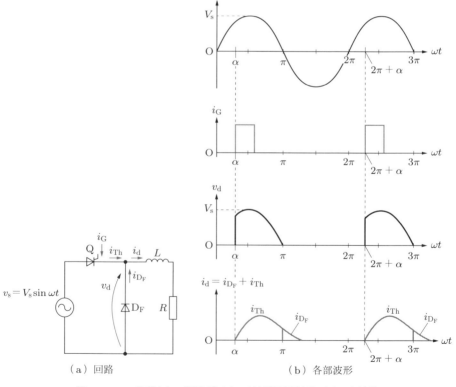

（a）回路　　　　　　　（b）各部波形

図 3.11　LR 負荷をもつ環流ダイオード付単相半波サイリスタ整流

このように，サイリスタは，ターンオン制御による電力制御はできるが，ターンオフ制御ができない．ターンオフする条件としては，サイリスタの主電流を保持電流以下にする，または，サイリスタの A-K 間に逆電圧をかけることである．図 3.10 の回路では，元の電源が交流なので，π から 2π の区間は逆電圧がかかるため，自然にターンオフする．負荷に誘導成分 L と抵抗成分 R がある場合，制御角 α で Q がオンすると，電源電圧 v_s は L と R の両方にかかる．L と R にかかる電圧をそれぞれ v_L，v_R とすると，$v_s = v_L + v_R$ となる．π と 3π で Q がオフすると，サイリスタ電流は 0 となるが，L に蓄えられたエネルギーのため，$L \Rightarrow R \Rightarrow D_F$ の経路で i_{D_F} が環流する．D_F を用いることにより，v_s は純抵抗負荷の場合と同じ波形になる．**図 3.11** に，LR 負荷の場合の環流ダイオード D_F を備えたサイリスタ整流を示す．L と D_F のため，サイリスタがオフした後もダイオード電流 i_{D_F} が流れる．

3.2.2 サイリスタブリッジによる単相全波整流

この整流回路は，ダイオードブリッジと同様，交流入力の正負いずれの電力も整流に利用できる．簡単な単相サイリスタブリッジ回路と各部波形を**図 3.12** に示す．図 3.12 (a) の回路では，交流側の電圧を $v_s = V \sin\omega t$ $(\theta = \omega t)$ とし，負荷としてインダクタンス L と抵抗 R をもっている．図 3.12 (b) に示すように，制御角 α および $2\pi + \alpha$ のときに Q_1 と Q_4 のサイリスタがオンし，制御角 $\pi + \alpha$ および $3\pi + \alpha$ のときに Q_2 と Q_3 のサイリスタがオンすると，全波整流となる．

$L = 0$ すなわち純抵抗負荷の場合，出力電圧の平均値 E_d は，3.2.1 項で求めた半波整流の場合の式 (3.1) の 2 倍となる．$L = 0$ のときには（図 3.4 (b) のように）出力電圧のマイナスへの反転は生じないが，図 3.12 (a) のようにインダクタンス L があると，電圧 v_d はマイナス側に反転する．このとき，π から $\pi + \alpha$ の区間においてもサイリスタ Q_1 と Q_4 は誘導性負荷のため負電圧でも導通状態が維持され，$\pi + \alpha$ で Q_2 と Q_3 が導通状態になる．

L が十分大きい場合（図 3.12 (b) の中図）には，負荷電流 i_d は連続的に流れる．このように，Q_1 と Q_4 が導通状態から逆バイアスでオフして Q_2 と Q_3 に導通が移るような自然転流を，**電源転流方式**あるいは**他励方式**という．この場合の出力電圧の平均値 E_d は，つぎのようになる．

$$E_d = \frac{1}{\pi} \int_{\alpha}^{\pi+\alpha} \sqrt{2}\, V \sin\theta \, d\theta = \frac{\sqrt{2}}{\pi} V \left[-\cos\theta \right]_{\alpha}^{\pi+\alpha} = \frac{2\sqrt{2}}{\pi} V \cos\alpha \qquad (3.2)$$

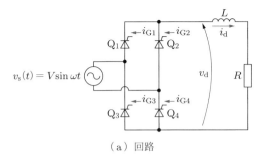

（a）回路

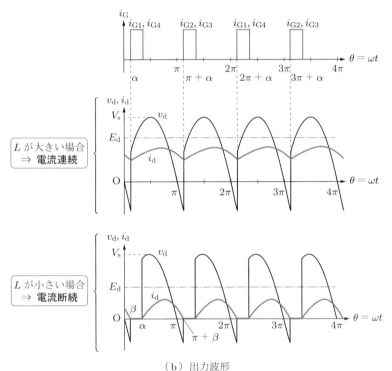

（b）出力波形

図3.12 インダクタンス L を負荷にもつ三相全波整流回路と出力波形

また，L が小さい場合や α が大きい場合には，v_{d} は断続的に流れる（図 3.12 (b) の下図）．逆電圧から 0 V に回復するタイミングを β とすると，出力電圧の平均値はつぎのようになる．

$$E_{\mathrm{d}} = \frac{1}{\pi} \int_{\alpha}^{\pi+\beta} \sqrt{2}\, V \sin\theta \; d\theta$$

$$= \frac{\sqrt{2}}{\pi} V \left[-\cos\theta\right]_{\alpha}^{\pi+\beta} = \frac{2\sqrt{2}}{\pi} V \frac{\cos\beta + \cos\alpha}{2} \tag{3.3}$$

3.2.3　三相半波サイリスタ整流

　図 3.13 (a) の三相半波サイリスタ整流回路では，中性点 0 と負荷側のインダクタンス L の間に，各相に並列に 3 個のサイリスタがつながっている．各相電圧 e_1, e_2, e_3 が印加されると，最も電位の高い相のサイリスタが導通し，図 3.13 (b) の太線のような出力電圧波形が得られる．この場合，サイリスタがオンするまでは前の波形が継続する．ここでは，制御角 α の基準位置は各相電圧の交わる点となることに注意する．ここで，図 3.13 (b) のように，時間軸に 0 点を決め，各相電圧を

$$e_n = \sqrt{2}\,E\cos\theta \quad (n = 1, 2, 3) \tag{3.4}$$

とすると，図 3.13 (b) の出力電圧の平均値 E_d は，つぎのようになる．

$$E_\mathrm{d} = \frac{1}{2\pi/3} \int_{-\frac{\pi}{3}+\alpha}^{\frac{\pi}{3}+\alpha} \sqrt{2}\,E\cos\theta\,d\theta$$

$$= \frac{3\sqrt{2}}{2\pi}E\,[\sin\theta]_{-\frac{\pi}{3}+\alpha}^{\frac{\pi}{3}+\alpha} = \frac{3\sqrt{6}}{2\pi}E\cos\alpha \tag{3.5}$$

この回路でも，3.2.2 項と同様に，L と α の関係によって，負荷電流 i_d が連続する場合と断続する場合に分かれる．L が大きいと i_d が連続的に流れ，この L はリプルを抑える平滑リアクトルとしてはたらく．

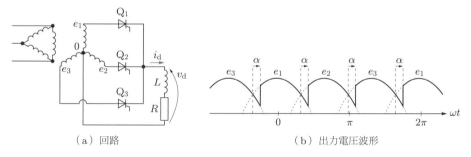

（a）回路　　　　　　　　　　　　（b）出力電圧波形

図 3.13　三相半波サイリスタ整流回路と出力電圧波形

3.2.4　三相全波サイリスタ整流

　サイリスタを用いた三相全波整流回路は，**図 3.14** (a) のようになり，$Q_1 \sim Q_6$ の 6 個のサイリスタで構成されている．Q_1, Q_2, Q_3 のカソード側が出力側の正極 P に，Q_4, Q_5, Q_6 のアノード側が出力側の負極 N に接続されたブリッジとなっている．三相交流の各相電圧は e_1, e_2, e_3 で，線間電圧は $e_{1\text{-}2}$, $e_{2\text{-}3}$, $e_{3\text{-}1}$ である．また，負荷側にはインダクタンス L 成分と抵抗 R 成分がある．

この回路では，正極 P につながる 3 個のサイリスタと負極 N につながる 3 個のサイリスタ間での転流が交互に行われ，電源の各相電圧 e_1, e_2, e_3 を基準に制御角 α として，正負両極に図 3.14 (b) の太線で示す電位が生じる．

図 3.14 (c) は，P と N の電位差として表したもので，線間電圧 $e_{1\text{-}2}$, $e_{2\text{-}3}$, $e_{3\text{-}1}$ を基準とした出力電圧 v_d を，太線で示している．図 3.14 (d) は，正側 P と負側 N のサイリスタの導通するタイミングを示している．

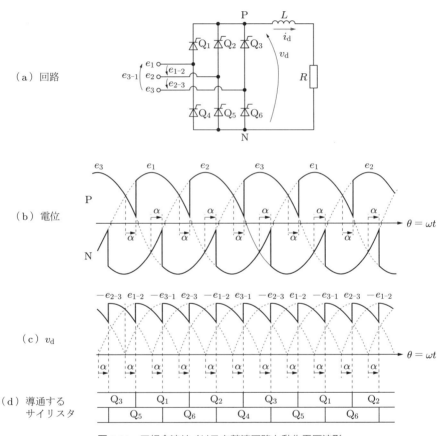

（a）回路

（b）電位

（c）v_d

（d）導通する
サイリスタ

図 3.14 三相全波サイリスタ整流回路と動作電圧波形

図 3.14 (b), (c), (d) より回路動作がわかる．サイリスタ Q_1 を制御角 α で点弧すると，このときオンしているサイリスタ Q_3 では電圧 $e_{3\text{-}1}$ が負電圧として加えられ，Q_3 はオフする．このように電源電圧を利用して転流させる方法を**電源転流**とよぶ．

出力電圧 v_d の平均値を E_d とすると，半波整流の平均値の式 (3.4) や式 (3.5) を参照して，

$$E_{\rm d} = \frac{3}{\pi} \int_{-\frac{\pi}{3}+\alpha}^{\frac{2\pi}{3}+\alpha} \sqrt{2}\,E\,\cos\theta\,d\theta$$

$$= \frac{3\sqrt{2}}{\pi} E\,[\sin\theta]_{-\frac{\pi}{3}+\alpha}^{\frac{2\pi}{3}+\alpha} = \frac{3\sqrt{6}}{\pi} E\,\cos\alpha \tag{3.6}$$

と求められる．これは式 (3.5) の半波整流の 2 倍の値となる．

　図 3.14 より，電源転流は $0 \leqq \alpha \leqq \pi$ のとき可能であることが推測できる．**図 3.15** に，制御角 α を電源転流が行える範囲で変化させた場合の電圧波形を示す．ここでは，連続電流が流れる条件とする．出力電圧波形は太線のようになる．α が $\pi/2$ を超えると，平均出力電圧は負になるが，$i_{\rm d}$ は連続して交流電源から負荷に流れる．この区間は負の電力が供給されていることになる．つまり，負荷から交流電源に電力が供給されているのである．これを**電力回生**動作という．現実的に電力回生が伴う条件としては，直流出力電圧の極性反転が生じ，逆極性の起電力をもつ負荷となる機器（発電機や電池など）がなければならない．この場合，サイリスタブリッジは負荷側の機器から直流電力を受け取り，交流電力に変換して交流電源側に供給しているので，逆変換動作，つまりインバータ動作を行っているのである．このようなインバータを**他励式インバータ**という．

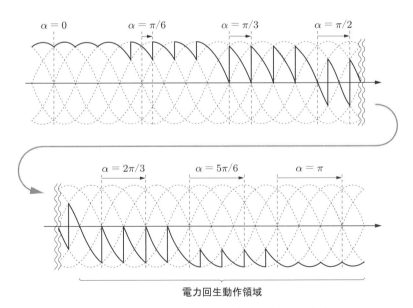

図 3.15 制御角 α を変化させた場合の出力電圧波形

演習問題

3-1 **図** 3.16 に示す単相半波ダイオード整流回路の電流 i_d と電圧 v_d を図示せよ．交流電源電圧は $v_s = V \sin \omega t$ とし，L はインダクタ，R は抵抗である．

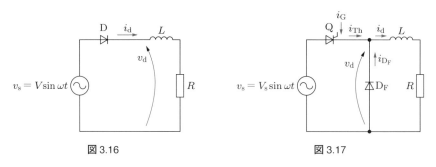

図 3.16　　　　　　　　　　　　図 3.17

3-2 **図** 3.17 に示す単相半波整流回路の負荷抵抗 R に並列に接続されたダイオード D_F を何とよぶか答え，このダイオードのはたらきを説明せよ．また，出力電圧 v_d，負荷電流 i_d，サイリスタ電流 i_{Th}，ダイオード電流 i_{DF}，ゲート電流 i_G の関係を，横軸を時間軸として図示せよ．

3-3 単相全波整流回路において，ダイオードブリッジとサイリスタブリッジを用いた回路をそれぞれ図示せよ．出力側の負荷には，インダクタ L と抵抗 R が直列に接続されているものとする．サイリスタブリッジの各サイリスタの制御角は，一律 α とする．また，サイリスタを用いた整流回路の特徴を，ダイオードを用いた場合との違いに注意して，簡潔に述べよ．

3-4 単相交流を電源にもつ，ダイオードとサイリスタを用いた混合ブリッジ回路を図示せよ．その混合ブリッジの各サイリスタの制御角を一律 α とした場合，ブリッジを構成する各デバイスの導通時間をタイミングチャートとして示し，出力電圧波形と出力電流波形を図示せよ．

3-5 図 3.14 (a) に示す三相全波整流回路において，制御角 α を変化させると，負の出力電圧が生じる場合がある．出力に負電圧が発生する条件を述べよ．

3-6 サイリスタ整流回路を用いた周波数変換（50 Hz $\rightleftarrows$ 60 Hz）のブロック図を描け．このような変換装置は直流送電に用いられるが，日本国内ではどこで使用されているか答えよ．

4 直流チョッパとサイクロコンバータ

この章の目標……………………………………………………………………
・降圧チョッパと昇圧チョッパの回路動作を理解すること.
・サイクロコンバータによる交流 / 交流変換の動作原理を学ぶこと.
・マトリクスコンバータの動作を理解すること.
……………………………………………………………………………………

　交流における電圧変換は変圧器（トランス）を用いて行う. 変圧器は，基本的に，変圧器の 1 次側（入力）と 2 次側（出力）の巻き線の巻き数比を変化させることで，任意の電圧変換が可能である.

　しかし，直流においては，変圧器による電圧変換は不可能である. なぜなら，一般的な変圧器は，ファラデーの電磁誘導則によって 1 次側の電力を磁束に変換して，鉄心である磁性体を介して 2 次側に磁束を起こし，再び電磁誘導則によって 2 次側で電力を得ているが，直流だと $d\phi/dt = 0$ で磁束の変化が生じないため，誘導電圧を 2 次巻き線に発生することができないからである. すなわち，鉄心の磁気飽和により，直流では変圧器による電圧変換ができないのである.

　そこで，直流でも電圧などを制御できる工夫や装置が望まれる. 電力用半導体でオン / オフを能動的に制御できるパワースイッチングデバイスの登場により，直流電圧を任意にオン / オフすることで分断制御できるようになった. このように，直流電圧を分断 (chop) することで電圧（電流）制御する回路を**直流チョッパ** (DC chopper) という.

　一方，交流では，電圧だけでなく，周波数も重要な要素であり，それらを変えられる装置があるとよい. ある周波数をもつ交流電力を別の周波数と電圧に直接変換する装置を，**サイクロコンバータ**という.

　本章では，三つのタイプの直流チョッパと，サイクロコンバータについて説明する.

降圧チョッパ

チョッパ回路は，スイッチングデバイスのオン / オフ動作を用いて出力電圧と電流を制御するものである．そのうち，入力電圧より低い出力電圧を得るものを**降圧チョッパ**(step-down chopper) といい，GTO サイリスタチョッパ，トランジスタチョッパ，IGBT チョッパ，MOSFET チョッパなどがある．

交流変圧機器を通さず直接直流電圧を変換する降圧チョッパ (direct down chopper) 回路の回路図と動作波形を，**図** 4.1 に示す．図 4.1 (a) は，トランジスタ Q をスイッチとした典型的な降圧チョッパ回路である．E は直流電源，D はダイオードで環流ダイオードのはたらきをする．負荷側に直列にインダクタ L と抵抗 R が接続されている．図 4.1 (b) は Q のオン / オフ時の電流の流れを示す．スイッチ Q がオンすると，ダイオード D のカソード側と負荷側のインダクタの一端に直流電源の電圧に等しい $e_L = E$ がかかる．このとき，負荷には直流電源から Q を通過した電流 $i_L = i_Q$ が時定数 L/R で増加しながら流れる．つぎに，Q をオフすると，i_L はすぐには 0 にならず，D には L に蓄えられたエネルギーが放出されるために生じる電流が循環電流 $i_L = i_D$ として LR 回路の時定数で減少しながら流れる．一定周期 T で Q のオン / オフの動作を繰り返すと，連続した脈動電流が負荷に流れていく．

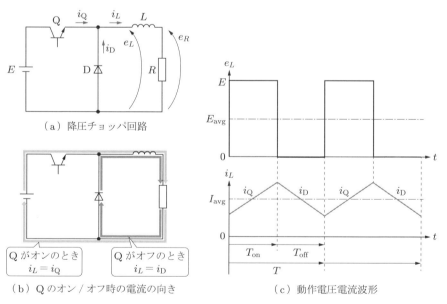

（a）降圧チョッパ回路

（b）Q のオン / オフ時の電流の向き

（c）動作電圧電流波形

図 4.1　降圧チョッパ回路と動作電圧電流波形

この一連の動作を図 4.1 (c) に示す．Q のオン時間を T_{on}，オフ時間を T_{off} とする．E_{avg} は出力電圧の平均値，I_{avg} は出力電流の平均値である．1 周期で Q がオンしている割合 α $(= T_{\mathrm{on}}/T)$ を，**通流率** (conduction ratio) あるいは**デューティファクタ** (duty factor) という．一定周期で Q がオン／オフを繰り返すとき，出力電圧 e_L の平均値 E_{avg} は

$$E_{\mathrm{avg}} = \frac{T_{\mathrm{on}}}{T_{\mathrm{on}} + T_{\mathrm{off}}} E = \frac{T_{\mathrm{on}}}{T} E = \alpha E \tag{4.1}$$

となる．このとき，L に蓄えられたエネルギーは負荷抵抗で消費され，電流は D を通して環流する．よって，L にかかる電圧は 0 V で，負荷抵抗にかかる電圧は e_L に等しくなる．各デバイスが損失のない理想的なものだとすると，エネルギーを消費するのは R だけになる．負荷を流れる電流 i_L の平均電流 I_{avg} は

$$I_{\mathrm{avg}} = \frac{E I_Q}{E_{\mathrm{avg}}} = \frac{I_Q}{\alpha} \tag{4.2}$$

となる．このように，通流率 α を調整することで平均出力電圧 E_{avg} と平均出力電流 I_{avg} を制御することが可能である．

　降圧チョッパ回路において，L や α が小さい場合や Q のスイッチング周波数が低い場合は，負荷電流 i_L に大きなリプルが生じる．L は，リプルを抑制して平滑化する役割をもつので，平滑インダクタまたは**平滑リアクトル** (smoothing reactor) とよばれる．

<h2>4.2　昇圧チョッパ</h2>

　入力電圧より高い電圧を出力するチョッパ回路を**昇圧チョッパ** (step-up chopper) という．または，交流変圧器によるものでなく，直流をスイッチのオン／オフのみで昇圧を行うことから，**直接昇圧チョッパ** (direct up chopper) 回路という．

　図 4.2 には，基本的な昇圧チョッパ回路とその動作電圧電流波形を示す．図 4.2 (a) において，降圧チョッパ回路とは異なり，スイッチ Q が負荷抵抗 R に対して並列に接続されていて，直流電源 E 側にインダクタ（リアクトル）L が接続される．負荷側にはコンデンサ C があり，手前のダイオード D は C の電荷が電源側に逆流するのを防止している．図 4.2 (b) は Q のオン／オフ時の電流の流れを示す．

　定常時の動作としては，図 4.2 (c) に示すようになる．Q がオンすると，L には直流電源の電圧 E がそのまま印加される．このとき，E-L-Q の閉回路となり，L には

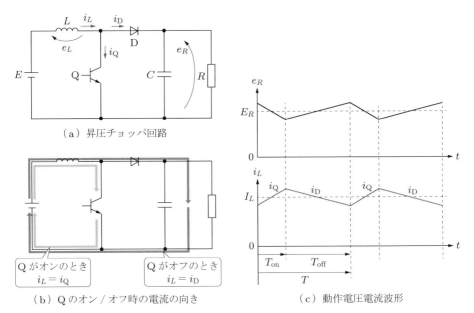

図4.2　昇圧チョッパ回路と動作電圧電流波形

$Li_L{}^2/2$ の電磁エネルギーが蓄えられる．Q がオンしている期間 T_{on} において，i_L は増加していくが，負荷電圧 e_R は減少していく．つぎに，Q がオフすると，L に逆起電力が発生し，Q オフの期間 T_{off} においては，D を通って負荷に電流 i_D が流れる．このとき，負荷電圧 e_R は電源電圧 E にインダクタの電圧が加算され上昇し，i_D は徐々に減少する．負荷の平均電圧 E_R は E より高くなり，負荷の平均電流 I_L は低くなる．

　ここで，L の役割について考えてみる．L の両端には，電流の変化率に対して，次式の電圧が生じる．

$$e_L = L\frac{di_L}{dt} = L\frac{di_Q}{T_{on}} \tag{4.3}$$

　図4.3 に，このインダクタ L の電圧波形 e_L を示す．T_{on} の期間 L に蓄えられるエネルギーは EI_LT_{on} となり，T_{off} の期間で負荷側に移るエネルギーは $(E_r - E)\,I_LT_{off}$ となる．定常状態において，両エネルギーは等しいので，

$$ET_{on} = (E_R - E)\,T_{off} \tag{4.4}$$

となる．よって，出力電圧 E_R は，4.1 節で説明したデューティファクタ α を用いて，

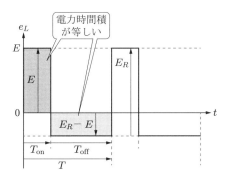

図 4.3 昇圧チョッパ回路のインダクタ L の両端にかかる電圧

$$E_R = \frac{T_{\text{on}} + T_{\text{off}}}{T_{\text{off}}} E = \frac{T}{T - T_{\text{on}}} E = \frac{1}{1 - \alpha} E \tag{4.5}$$

または，$(1 - \alpha) E_R = E$ となる．このように，入力電圧より高い出力電圧が得られることが理解できる．

4.3 可逆チョッパ

4.1 節の降圧チョッパ回路と 4.2 節の昇圧チョッパ回路は，電圧・電流ともに電源から負荷に向かう一方向の非可逆動作をする基本的なチョッパ回路である．これらを組み合わせることで，電源から負荷，負荷から電源へと電力の流れを両方向に制御可能な可逆チョッパ回路を構成できる．

図 4.4 に，電流可逆チョッパの基本回路と動作モードと波形を示す．図 4.4 (a) は図 4.1 の降圧チョッパ回路と図 4.2 の昇圧チョッパ回路を組み合わせたものである．E_1 は直流電源で，スイッチには二つのトランジスタ Q_1 と Q_2 があり，これらに逆並列にダイオード D_1 と D_2 が接続されている．電源側と負荷との間にはインダクタ L が接続されている．E_1 から負荷への電力の流れを**力行**（りっこう）といい，力行時の動作回路を図 4.4 (b) に示す．動作しないデバイスは消している．これは降圧チョッパとしてはたらく．逆に，負荷から電源側に電力を戻す動作を**回生**といい，その動作回路を図 4.4 (c) に示す．負荷側にも電圧源 E_2 があり，この場合は昇圧チョッパ回路となる．図 4.4 (d) に，各動作モードのオン動作素子と波形を示している．

このように，2 個のスイッチ Q_1 と Q_2 を切り換えて動作させると，電源電流 i_1 と負荷電流 i_2 の両者を即座に逆転することができ，負荷に直流電動機を接続した場合，力行と回生の両モードにわたり即応制御が可能となる．

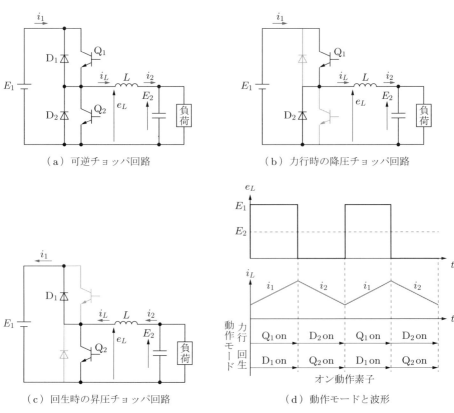

（a）可逆チョッパ回路

（b）力行時の降圧チョッパ回路

（c）回生時の昇圧チョッパ回路

（d）動作モードと波形

図4.4 可逆チョッパ回路とその動作

4.4 サイクロコンバータ

　交流入力から異なる周波数の交流出力を得る電力変換（AC/AC電力変換）方式には，間接式変換と直接式変換がある．**図4.5**に，これら2種類のAC/AC電力変換方式をブロック図にして示す．(a)の間接式変換は，交流入力の電力を順変換器（コンバータ）を介して一度直流電力に変換し，その後逆変換器（インバータ）を用いて所定の周波数や電圧の交流電力を得る方式である．一方，(b)の直接式変換は，入力の交流電力から逆変換器を介さずに別の交流電力を得る方式で，そのときの変換器を**サイクロコンバータ** (cycloconverter) という．

　サイクロコンバータの利用としては，国内における初期の磁気浮上式鉄道（リニアモータカー）で1970年代の宮崎実験線や，鉄鋼圧延用の交流モータの可変速駆動がある．

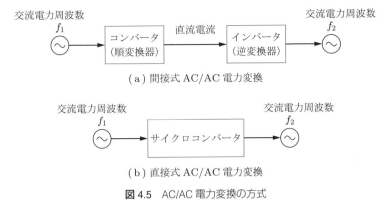

（a）間接式 AC/AC 電力変換

（b）直接式 AC/AC 電力変換

図 4.5 AC/AC 電力変換の方式

4.4.1 サイクロコンバータの動作原理

　サイクロコンバータの基本的な回路構成は，**図 4.6** のようになる．正電圧と負電圧を半周期ごとに出力する**正群コンバータ**と**負群コンバータ**，そして，それらを制御する制御回路から構成される．正群，負群の各コンバータは，サイリスタなどのスイッチ回路となっている．

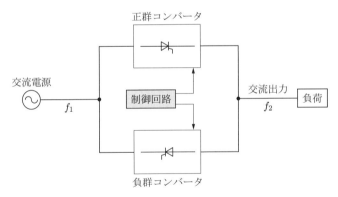

図 4.6 サイクロコンバータの基本構成

　最も簡単なサイクロコンバータの例として，入力と出力の周波数が固定の**定比式サイクロコンバータ**の回路と動作を**図 4.7** に示す．図 4.7 (a) はセンタタップ接続のサイクロコンバータ回路で，交流入力側の変圧器の出力側巻き線にセンタタップ②を設けて負荷と接続している．T_{p1} と T_{p2} は正群コンバータを構成するサイリスタで，T_{n1} と T_{n2} は負群コンバータを構成するサイリスタである．図 4.7 (b) はその動作を示す．変圧器入力電圧 e_1 の 1 周期目は，2 次側①のタップに正の電位が印加される

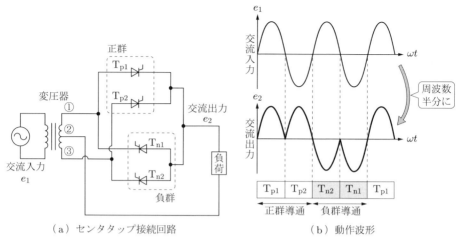

（a）センタタップ接続回路　　　　　　　（b）動作波形

図4.7　定比式サイクロコンバータ

ときは正群コンバータの T_{p1} がオンしていて，つぎに負の電位が印加されるときは T_{p2} がオンする．2周期目は，変圧器2次側③の端子に接続している負群サイリスタの T_{n2} がオンし，続いて T_{n1} がオンして負電圧を出力している．交流出力電圧 e_2 は図4.7 (b) の太線のようになり，このサイクロコンバータは入力周波数を半分にした出力周波数（1/2分周）が得られる．しかし，図4.7 (b) のような交流出力電圧波形では，実用上使用できるものではない．実際のサイクロコンバータとしては，制御角 α を細かく調節して波形を成形する必要がある．

4.4.2　三相交流入力のサイクロコンバータ

　つぎに，三相交流入力で単相出力のサイクロコンバータ回路について考える．**図4.8** は，サイリスタをスイッチとして用いた三相交流入力‒単相出力のサイクロコンバータの基本回路とその動作波形である．図4.8 (a) の回路図は，正群コンバータとして6個のサイリスタ，負群コンバータとして6個のサイリスタから構成されている．出力は単相で，負荷側にはインダクタンス成分と抵抗負荷が接続されている．図4.8 (b) はその動作電圧波形である．細い点線は三相入力の電圧波形である．正群コンバータを動作する期間と負群コンバータを動作する期間があり，正群コンバータが動作する期間には負群コンバータをオフしておく必要があり，逆に負群コンバータが動作する期間には正群コンバータをオフしておく必要がある．出力電圧は各相電圧を切り刻んだ波形で，濃い太線のようになる．出力電圧の基本波成分は薄い太線のようになり，三相入力が周波数変換されて単相出力電圧となっていることがわかる．

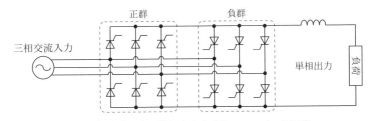

（a）三相交流入力 - 単相出力サイクロコンバータ回路

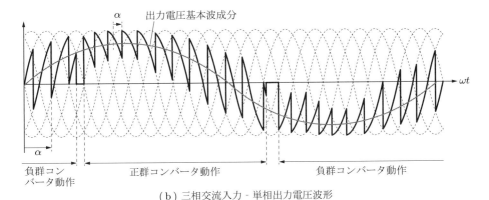

（b）三相交流入力 - 単相出力電圧波形

図 4.8 三相入力 - 単相出力サイクロコンバータの回路と動作電圧波形

　後述するマトリクスコンバータでは，入力電圧の範囲内で，出力電圧と周波数を可変にできる．このとき，正群コンバータが動作すると正の電流が出力され，負群コンバータが動作すると負の出力電流が流れる．実際には，出力電流をモニターしていて，所望の交流波形が得られるよう制御角 α をコントロールする必要がある．正群から負群，負群から正群に動作切り替えを行う際に，電圧が 0 になる期間がある．このとき，出力電流が流れない電流休止期間が生じる．

　サイクロコンバータでは，出力周波数が低いほど，または正群コンバータや負群コンバータの相数（パルス数）が多いほど，出力電圧波形は正弦波に近づく．実用上，周波数の上限値は入力周波数の 1/2 程度である．

　三相出力を得るには，図 4.8 の回路を正群コンバータ，負群コンバータを各相に三組設けた**図 4.9** のような回路構成にする．これには 36 個のサイリスタを要する．また，出力端の三相負荷には中性点が必要になる．

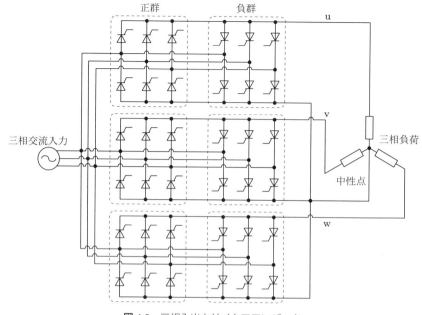

図 4.9　三相入出力サイクロコンバータ

4.4.3　マトリクスコンバータ

　ここまでは，交流 – 交流の直接周波数変換回路としては，スイッチング素子として
サイリスタを用いたサイクロコンバータについて述べてきた．サイリスタは自己消弧
能力（ゲート制御による能動的なターンオフ機能）をもたないため，その周波数変換
動作には制約が生じる．

　そこで，IGBT のような自己消弧能力を有するスイッチング素子を用いた周波数
変換装置を考える．例としては，**マトリクスコンバータ** (matrix converter) がある．
マトリクスコンバータは PWM 制御サイクロコンバータともよばれる．マトリクス
コンバータの要めとなるのは双方向のスイッチである．双方向スイッチの代表例を
図 4.10 に示す．図 4.10 (a) は，逆耐圧特性を有する逆阻止型 IGBT を用いて，この
IGBT を逆並列に接続したものである．図 4.10 (b) は，IGBT とダイオードの逆並列
接続したものを二組使用している．このように双方向のスイッチとしている．これら
の双方向スイッチを用いて，マトリクスコンバータが構成される．

　図 4.11 にマトリクスコンバータの基本回路を示す．三相交流電源側には，オン /
オフ時に発生する高調波電流が三相交流電源に流入しないように，インダクタとコン
デンサで構成される AC フィルタを挿入している．三相交流電源と三相負荷の間に，

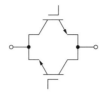
（a）逆阻止型 IGBT
の逆並列接続

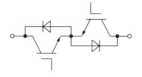
（b）IGBT とダイオード
の逆並列接続

図 4.10 代表的な双方向スイッチの構成例

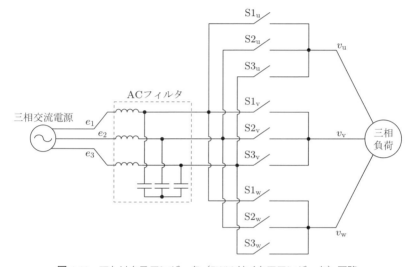

図 4.11 マトリクスコンバータ（PWM サイクロコンバータ）回路

前述の双方向スイッチを 9 個用いている．これらのスイッチが 3×3 の行列状に構成されることが，マトリクスコンバータの名前の由来になっている．9 個のスイッチにより三相入力の各相と交流出力の各相とが接続されている点では，サイクロコンバータと同じである．サイクロコンバータとの違いは，能動的にオン / オフ可能な IGBT などで構成される双方向スイッチを用いている点だけである．サイリスタを用いたサイクロコンバータに比べると，スイッチ素子数を大幅に低減でき，三対の双方向スイッチで電流を分担するため，双方向スイッチの電流（責務）は 1/3 に軽減できる．そのため，小型化が可能である．**図 4.12** にマトリクスコンバータの動作波形を示す．三相交流電源の各相電圧を e_1, e_2, e_3 $(e_1 > e_2 > e_3)$ とすると，出力相電圧 v_u, v_v, v_w と三対の双方向スイッチとの関係は

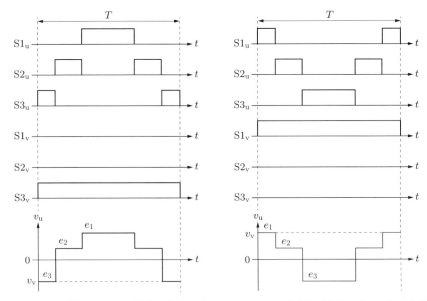

（a）v_u-v_v の線間電圧が正の場合の出力波形　　　（b）v_u-v_v の線間電圧が負の場合の出力波形

図 4.12　マトリクスコンバータの動作波形

$$v_\mathrm{u} = \mathrm{S1}_\mathrm{u}e_1 + \mathrm{S2}_\mathrm{u}e_2 + \mathrm{S3}_\mathrm{u}e_3$$

$$v_\mathrm{v} = \mathrm{S1}_\mathrm{v}e_1 + \mathrm{S2}_\mathrm{v}e_2 + \mathrm{S3}_\mathrm{v}e_3 \tag{4.6}$$

$$v_\mathrm{w} = \mathrm{S1}_\mathrm{w}e_1 + \mathrm{S2}_\mathrm{w}e_2 + \mathrm{S3}_\mathrm{w}e_3$$

となる．ここで，$\mathrm{S1}_\mathrm{u}$，$\mathrm{S2}_\mathrm{u}$，$\mathrm{S3}_\mathrm{u}$ などは，スイッチがオンのときは 1 で，オフのとき
は 0 とする．また，スイッチングの時間に関しては

$$T = \mathrm{S1}_\mathrm{u} + \mathrm{S2}_\mathrm{u} + \mathrm{S3}_\mathrm{u}$$

$$T = \mathrm{S1}_\mathrm{v} + \mathrm{S2}_\mathrm{v} + \mathrm{S3}_\mathrm{v} \tag{4.7}$$

$$T = \mathrm{S1}_\mathrm{w} + \mathrm{S2}_\mathrm{w} + \mathrm{S3}_\mathrm{w}$$

として，三相交流電源を短絡させないようにする必要がある．図 4.12 (a) のように，
u 相と v 相のスイッチを動作させると，下段のような相電圧 v_u，v_v が出力される．
線間出力電圧が負の場合は，図 4.12 (b) のようになる．各双方向スイッチのオン /
オフ動作を調整することで，各線間出力電圧と出力周波数を一定の範囲内で任意に変
化させることができる．前述のとおり，少ないスイッチング素子数で三相負荷への対
応が可能であることが特徴である．

演習問題

4-1 スイッチとしてトランジスタを用いた直流チョッパ回路のうち，入力電圧に対して出力電圧が低い回路を降圧チョッパ回路という．降圧チョッパ回路の基本回路と動作波形（出力電圧と出力電流）を図示せよ．直流電源を E_1 として，スイッチSのオン / オフのタイミング $(T = T_{\mathrm{on}} + T_{\mathrm{off}})$ を基準にして考えるとよい．

4-2 前問 4-1 と同様に，スイッチとしてトランジスタを用いた直流チョッパ回路のうち，入力電圧に対して出力電圧が高い回路を昇圧チョッパ回路という．昇圧チョッパ回路の基本回路と動作波形（出力電圧と出力電流）を図示せよ．直流電源を E_1 として，スイッチSのオン / オフのタイミング $(T = T_{\mathrm{on}} + T_{\mathrm{off}})$ を基準にして考えるとよい．

4-3 電流可逆チョッパ回路を描き，力行時の電流の流れと回生時の電流の流れを示せ．

4-4 サイクロコンバータとはどういうものか説明せよ．また，どのような用途があるか列挙せよ．

4-5 単相入力単相出力のサイクロコンバータの回路図を描き，動作波形を図示せよ．

4-6 三相入力・三相出力のサイクロコンバータにはスイッチが最低何個必要であるか答えよ．また，これらスイッチを用いたサイクロコンバータ回路を描け．

4-7 マトリクスコンバータは別名何というか答えよ．また，マトリクスコンバータの回路図を描き，動作を説明せよ．

5 インバータ

この章の目標
・各種インバータの動作原理を理解すること.
・インバータの安全動作の必要性と保護対策を学ぶこと.
・PWM インバータの制御信号と出力波形の関係を理解すること.

　直流電力を交流電力に変換する機器を**インバータ** (inverter) という. 整流器が順変換器 (converter) とよばれるのに対して, インバータは逆変換器とよばれる. 現在では, 直流 – 交流 (DC-AC) 変換を行う半導体電力変換装置を指す. これは, 半導体スイッチングデバイスを用いて直流電力を任意の周波数に交流変換し, 変圧器と併用することで同時に電圧変換も行うことができる.

　半導体パワーデバイスが登場する以前の 1950 年代までは, 水銀整流器を用いたインバータが存在した. その後, 1958 年にサイリスタが登場し, サイリスタインバータへと変遷していった. しかし, サイリスタも水銀整流器と同様に自己消弧能力をもたないため, 転流用のコンデンサを用いた転流回路が必要であった. これは, 交流電源によって転流が行われる**他励式インバータ**という. その後, GTO サイリスタや IGBT などの自己消弧能力をもつパワーデバイスが登場して, インバータは飛躍的に進展する. 近年, 高速ターンオフデバイスの適用でインバータは高周波スイッチングによる高速電力制御が可能となり, 任意の波形生成ができるようになった. これらは自己消弧能力をもち, つまり能動的にターンオフができるので, **自励式インバータ**という. 自励式インバータは, 直流電源のインピーダンスが低く, 出力電圧波形が方形波状になる電圧形インバータと, 電源インピーダンスが高く, 出力電流波形が方形波状になる電流形インバータに分類される.

　各種インバータをまとめると, **図 5.1** のように分類できる. 古くは, サイリスタスイッチを用いた他励式インバータの負荷転流型インバータに分類されている直列共振型インバータや並列共振型インバータがよく知られていた. 近年では, 自己消弧能力をもつパワーデバイスの普及に伴い, 電力変換装置のほかにも, 鉄道, 電気自動車, 空調機器から家電に至るまで自励式インバータの応用範囲が広がっている.

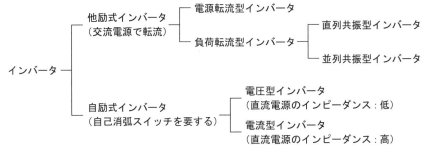

図 5.1 インバータの分類

他励式インバータ
（交流電源で転流）
電源転流型インバータ
負荷転流型インバータ
直列共振型インバータ
並列共振型インバータ
インバータ
自励式インバータ
（自己消弧スイッチを要する）
電圧型インバータ
（直流電源のインピーダンス：低）
電流型インバータ
（直流電源のインピーダンス：高）

5.1 インバータの基本

インバータ回路の基本的な動作は，スイッチングデバイスのオン / オフ動作を用いて，直流電圧を交流電圧に波形制御することである．ここでは，とくに基本的なインバータ回路である，ハーフブリッジインバータとフルブリッジインバータについて，簡単に見ておく．

5.1.1 ハーフブリッジインバータ

最も単純で基本的なインバータ回路を**図 5.2**に示す．図 5.2 (a) がその回路図である．スイッチの構成が（H 型）フルブリッジの場合はスイッチ 4 個を要するのに対して，図 5.2 (a) では半分の構成になっていることから**ハーフブリッジインバータ** (half-bridge inverter) という．これは，最も単純で基本的なインバータ回路の構成例である．負荷が純抵抗である場合，スイッチ S_1 を時間軸 0 のタイミングでオン（このときスイッチ S_2 はオフ状態）すると，直流電源電圧 E が負荷に出力される．時間 (ωt) が π のタイミングで S_1 をターンオフし，同時に S_2 をターンオンすると，負荷には $-E$ の電圧が出力される．さらに，2π のタイミングで S_2 をターンオフし，同時に S_1 をターンオンすると，再び負荷に電圧 E が出力される．この一連の動作を繰り返すことで，一定の交流出力を得る．この出力電圧波形の様子を図 5.2 (b) に示す．実際の回路においては，S_1 のオフと S_2 のオン，S_2 のオフと S_1 のオンを完全同時に行うことは困難で，両スイッチが同時にオンの状態が生じることがある．このハイサイド側のスイッチ S_1 とローサイド側のスイッチ S_2 が同時にオンして負荷を介さずに直接直流電源の正負両極の端子を接続した状況は，両スイッチに負荷を通らない短絡電流が流れ，ひいてはスイッチを破壊するので，非常に危険である．このような短絡現象を**アーム短絡**という．

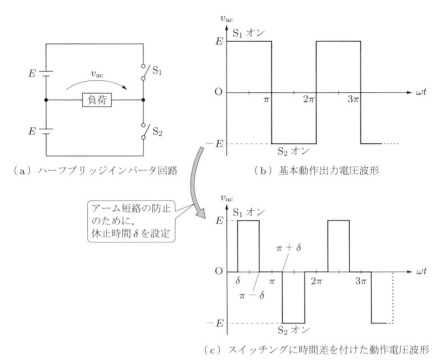

（a）ハーフブリッジインバータ回路　　　　　（b）基本動作出力電圧波形

アーム短絡の防止
のために，
休止時間δを設定

（c）スイッチングに時間差を付けた動作電圧波形

図 5.2　基本的なハーフブリッジインバータ回路と出力電圧波形

オン / オフを能動的に動作できるスイッチの機能を活かせば，両スイッチのオンとオフの間に電流を流さない休止時間 (dead time) を設けることで，前述の危険な短絡電流を回避できる．まず時間軸 0 から δ の遅延時間で S_1 をオンし，つぎに π より δ 早くターンオフする．S_2 は π から δ 遅れてターンオンし，2π より δ 早くターンオフする．この動作を繰り返すと，図 5.2 (c) のような出力電圧波形が負荷の両端に生じる．この場合，両スイッチに短絡電流が流れるのを回避することができる．

5.1.2　フルブリッジインバータ

つぎに，**フルブリッジインバータ** (full-bridge inverter) について考えてみる．直流電源から H 型ブリッジにスイッチを設けたフルブリッジインバータを**図 5.3** に示す．図 5.3 (a) は，単相フルブリッジインバータの典型的な回路構成である．直流電源 V_{dc} からの出力に 4 個のスイッチ S_1 〜 S_4 でブリッジを構成し，インバータ出力は負荷抵抗 R に接続している．図 5.3 (b) は，インバータの基本動作時の交流出力電圧波形である．0 から π の期間スイッチ S_1 と S_4 をオンすることで正出力となり，π でのターンオフと同時にスイッチ S_2 と S_3 をターンオンし，2π まで S_2 と S_3 のオン状

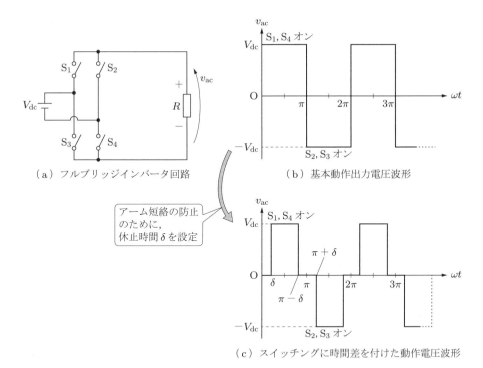

（a）フルブリッジインバータ回路　　　　　　（b）基本動作出力電圧波形

アーム短絡の防止
のために，
休止時間 δ を設定

（c）スイッチングに時間差を付けた動作電圧波形

図5.3　基本的なフルブリッジインバータ回路と出力電圧波形

態を維持する．この一連の動作を繰り返すことで，交流出力を得る．出力電圧波形は
前述のハーフブリッジインバータと同じである．一つの動作でスイッチを 2 個使用す
るので，各スイッチの電圧分担はハーフブリッジインバータの 1/2 となる．各スイ
ッチのオン / オフの切り換えで，S_1 と S_2 が同時にオンする状態または S_3 と S_4 が同
時にオンする状態（アーム短絡）を回避するために，ハーフブリッジ回路で説明した
のと同様に，各スイッチの動作切り換え時に休止時間 δ を設けて，直流電源の短絡を
防止する．その動作電圧波形は，図 5.3 (c) に示すように，ハーフブリッジインバー
タの出力電圧と同様の波形となっている．

　実際の利用を考えると，負荷側にはインダクタンス成分が必ず存在するはずである．
インダクタ（リアクトル）を積極的に接続しなくても，ケーブルのインダクタンス成
分が無視できないレベルで存在する場合である．**図5.4** に，入力側の電源は直流電圧
源として，負荷にインダクタンス成分と抵抗成分の両方が存在する場合を示す．入力
電源は一定の電圧を供給する直流電圧源である．ブリッジを構成するインバータはそ
の動作により交流電圧を出力する．このとき，アーム短絡を防止する休止時間 δ を設
けている．その出力波形は，図 5.4 (b) に示すように，段差のある濃い太線は出力電

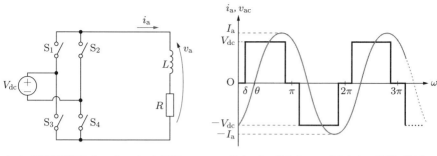

（a）直流電流源をもつインバータ回路　　　　（b）インダクタンス成分をもつ負荷の波形

図 5.4　直流電圧源とフルブリッジインバータの動作

圧波形で，グレーの正弦波は出力電流波形である．

　つぎに，入力側の直流電源を電流源とした場合を考えてみる．**図 5.5** は直流電流源をもつインバータとその動作を示す．図 5.5 (a) はその回路である．入力側は直流電流源で単相フルブリッジインバータに接続されている．動作としては，入力側から一定の電流を流し，インバータ動作により交流電流に変換される．その出力波形は，図 5.5 (b) に示すように，段差のあるグレーの太線は出力電流波形で，正弦波は出力電圧波形である．これは交流電流源を負荷とした場合である．

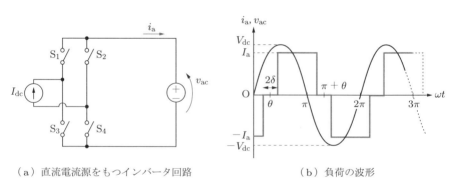

（a）直流電流源をもつインバータ回路　　　　　　（b）負荷の波形

図 5.5　直流電流源とインバータの動作

5.2 単相ハーフブリッジインバータ

　単相ハーフブリッジインバータの基本動作は前節で簡単に述べたが，ここではさらに詳しく，トランジスタなどのスイッチングデバイスを用いた単相ハーフブリッジインバータについて解説する.

　2個の電源 E と，2個のスイッチ Q_1，Q_2（ここではトランジスタ）と，スイッチに逆並列に接続されたダイオード D_1, D_2 で構成されたハーフブリッジインバータを，**図** 5.6 に示す. ここで対となっているスイッチング素子と逆並列のダイオードを**アーム** (arm) という. 前述したアーム短絡の「アーム」と同じである. アームを直列に構成し，その中点から出力を引き出す構成を**レグ** (leg) という. また，高い電位をスイッチングする側をハイサイド, 低い電位をスイッチングする側をローサイドという. 負荷を含めた回路を図 5.6 (a) に示す. 直流電源 E は直列に接続され，中間の接続点は接地されている. 出力端は抵抗 R とインダクタ L から構成される負荷に接続されている. ハイサイドとローサイドの両アームを交互に導通させると交流出力が得られる. 出力電圧 v_{ac} は Q_1 がオンすると同時に立ち上がるが，負荷にインダクタンス成分があると，電流は遅れて出力される. 図 5.6 (b) に，Q_1 と Q_2 を交互に動作させた一連の出力電流電圧波形を示す. ダイオード D_1 は負のピークから正電流になる転流までの期間はオンしている. また，ダイオード D_2 は正のピークから 0 になるまでオンしている. このような動作を繰り返し，交流出力電圧 v_{ac} と電流 i を得ている. 出力電圧 v_{ac} は方形波状になるが，出力電流 i は三角波に近い（実際は，指数関数の一部を切り取った曲線のつなぎ合わせである）.

　図 5.6 に示すハーフブリッジインバータ回路の場合は，入力側の直流電源を 2 直列にして使用しなければならない. また，出力波形はきれいな正弦波ではないので，負

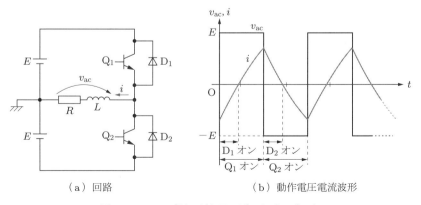

（a）回路　　　　　　　（b）動作電圧電流波形

図 5.6　ハーフブリッジトランジスタインバータ

荷によっては使用できない場合もある．直流電源を単体で使用して，出力波形を正弦
波にする方法として，LC 共振回路が考えられる．ハーフブリッジを構成する回路内
に共振用のコンデンサと負荷側にインダクタを挿入することで，正弦波出力が得られ
る．

　図 5.7 に示すのは，ハーフブリッジ共振型インバータである．図 5.7 (a) はハーフ
ブリッジ共振型インバータの回路である．入力の直流電源 E は 1 個で，電圧変動を
抑制し直流電圧供給を安定化させるためのバッファとして，電解コンデンサ C_d を E
に並列に挿入している．ハイサイドとローサイドのアームは図 5.4 の回路と同じで，
スイッチング素子にはトランジスタ Q_1 と Q_2，各トランジスタに逆並列にダイオー
ド D_1，D_2 が接続されている．共振用のコンデンサ C を 2 直列にしたものをハーフ
ブリッジに並列に接続している．2 直列の C の接続中間点から出力端に，ブリッジア
ームの中間接続点からもう一方の出力端を負荷側に出している．ここで，負荷はイン
ダクタ L としている．

　つぎに，LC 共振回路について考えてみる．LC 共振回路において共振の周期 T は

$$T = 2\pi\sqrt{LC} \tag{5.1}$$

である．ここで，L は共振ループ内のインダクタンス，C は共振ループ内のキャパシ
タンスである．ハーフブリッジのハイサイドとローサイドの各アームのスッチング周
波数と LC 共振周波数を同じにした場合，Q_1 と Q_2 のスイッチング電流 (i_{c1}, i_{c2}) と
スイッチング電圧 (v_1, v_2) の波形は，図 5.7 (b) のようになる．上の波形がハイサイド，
下の波形がローサイドである．直流電源からの充電電圧は 2 直列でコンデンサ C が
分担しているから，1 個あたりの C には充電電圧 $E/2$ となる．$E/2$ は Q_1 と Q_2 のス
イッチング電圧となる．ハイサイドのスイッチがオンすると，コレクタ電流 i_{c1} が流
れる．この電流は共振電流で，Q_1 のオン時間は共振周波数のちょうど半周期と同じ
時間である．つぎの半周期に移るには，Q_1 のターンオフと Q_2 のターンオンを同時
に行う．すると，同様に Q_2 のコレクタ電流 i_{c2} が流れる．共振電流の最大値 I_{max} は

$$I_{max} = V\sqrt{\frac{C}{L}} \tag{5.2}$$

となる．ハイサイド Q_1 とローサイド Q_2 の一連のスイッチング動作を切れ目なく行
うことができれば，この共振インバータの出力波形は図 5.7 (c) のようになる．v_{ac} は
負荷にかかる電圧，i_{ac} は負荷を流れる電流でどちらも正弦波となっている．このよ
うに，LC 共振回路を利用すれば正弦波を得ることができるが，負荷が純粋なインダ
クタンスである場合である．この回路においても，実用上，スイッチの切り替えには

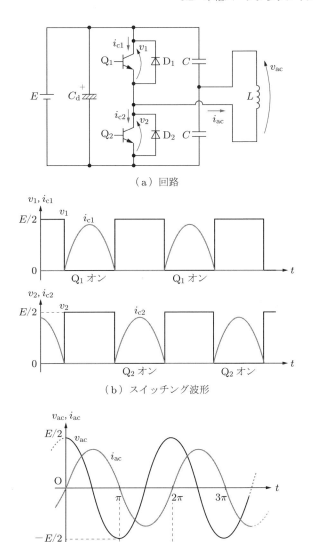

（a）回路

（b）スイッチング波形

（c）出力波形

図 5.7　ハーフブリッジ共振型インバータ

アーム短絡防止のためのデッドタイムを設けなければならない．もっとも，近年では，スイッチの高速化が進みデッドタイムを短くすることが可能となった．実際に使用する際には，負荷として変圧器（1 次巻き線）に接続する場合が多い．実施例としては，第 6 章「絶縁型 DC-DC コンバータ」で詳しく説明する．

5.3 単相フルブリッジインバータ

実際の単相フルブリッジインバータ回路は，5.1節の図5.4のスイッチS_1～S_4を
より具体的にトランジスタQ_1～Q_4と逆並列ダイオードD_1～D_4に置き換えて構成
される，単相フルブリッジトランジスタインバータとなる．単相フルブリッジトラン
ジスタインバータの回路と動作を，**図5.8**に示す．図5.8 (a)の基本回路では，直流
電源からの電力をフルブリッジインバータで交流変換して負荷に出力する．Q_1とQ_4
のオン動作した後，周期πでターンオフし，それに途切れなくQ_2とQ_3を同時にタ
ーンオン動作する．一連の出力動作波形は図5.8 (b)のようになる．出力電圧として
は，前述のハーフブリッジインバータの2倍のEと$-E$が交互に出力される．Q_1と
Q_4，Q_2とQ_3の各ペアでそれぞれターンオンとターンオフの前後にアーム短絡防止
のデッドタイムδを設けると，図5.8 (c)のようになる．

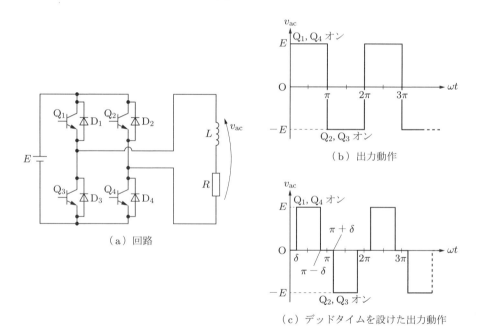

（a）回路

（b）出力動作

（c）デッドタイムを設けた出力動作

図5.8 単相フルブリッジインバータ

三相ブリッジインバータ

　三相の商用交流電源 (50 Hz，60 Hz) を入力電源として三相出力を行うインバータ
は，誘導電動機（モータ）の駆動装置として普及している．**図5.9**に，負荷として三
相誘導電動機に接続したIGBTインバータの主回路を示す．電源側に三相交流電源
が接続され，ダイオード整流回路で直流に変換している．突入電流防止の充電回路は
電源がオンした際に大きな電流が流れるのを防止するために，最初は抵抗を通る経路
で電解コンデンサを充電し，しばらくしてスイッチを閉じて抵抗を介さずに充電する
経路を確保する．このように，スイッチ投入時の突入電流から整流回路のダイオード
を保護している．図中の C_d は直流電圧を安定にするための平滑コンデンサとしては
たらく．三相ブリッジのスイッチングデバイスは6個のIGBT（$Q_1 \sim Q_6$）を用いて
いる．Q_1, Q_5 のペアと Q_2, Q_6 のペアと Q_3, Q_4 のペアのIGBTスイッチを動作させ
ることで，各相間に出力電圧を発生させる．インバータは自らのスイッチングにおい
てサージ電圧を発生させるため，出力側には L_F と C_F で構成されるサージ電圧を抑
制するフィルタ回路を介して，負荷である三相誘導電動機に接続されている．これが
基本的な三相交流インバータ回路である．インバータのスイッチング周波数を調整す
ることで，誘導電動機の回転数を制御することができる．そのため，周波数可変のイ
ンバータは回転機の駆動用として幅広く活用されている．電圧と周波数を可変とした
VVVF (variable voltage variable frequency) **インバータ**があり，高度な制御を必要
とする負荷に対応している．さらに，インバータの出力波形をパルス変調したインバ
ータもあるが，詳細は次節で述べる．

　電動機の運転制御パラメータには，電流と周波数がある．誘導電動機において回
転数制御を行う場合には，任意に周波数制御が行えるインバータが利用されている．
現在，数100 VAの小容量から数100 kVAまで，さまざまな汎用インバータが市

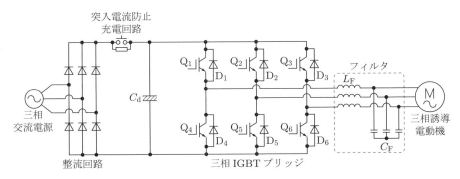

図 5.9 IGBT を用いた三相インバータ IGBT を用いた三相インバータ

図 5.10 汎用三相インバータの外観
[資料提供：株式会社明電舎]

販されている．**図 5.10** は，誘導電動機 (induction motor) や永久磁石式同期電動機 (permanent magnet synchronous motor) 駆動用の，市販の小型汎用インバータの外観である．電源は 200 V 系で，電動機の容量 (0.75 kW ～ 45 kW) に応じて，定格容量 (1.7 kVA ～ 60 kVA) を揃えている．出力電圧は 200 V ～ 240 V，出力周波数は 0.1 Hz ～ 440 Hz である．駆動している電動機には，ファンやポンプのような一定回転速度を必要とするものから，物流やクレーン，昇降機などの複雑なトルクや回転数制御が必要なものまで，多様な用途がある．そのため，プログラマブルコントローラを内蔵して多様なアプリケーションに対応している．

5.5 PWM インバータ

PWM とは**パルス幅変調** (pulse width modulation) のことで，スイッチングのデバイスにおけるオン / オフ制御のパルス信号のパルス幅を変化させることである．この制御方式を用いたインバータを **PWM インバータ**という．**図 5.11** に単相出力の PWM インバータの回路と動作波形を示す．図 5.11 (a) は負荷を含めた回路図で，入力の直流電源を V_{dc} とし，Q_1 ～ Q_4 の 4 個のトランジスタで単相ブリッジを構成し，各トランジスタには逆並列にダイオード D_1 ～ D_4 が接続されている．負荷にはインダクタと抵抗が接続されている．Q_4 をオンの状態にして Q_1 をオンすると，負荷には入力の直流電源電圧 V_{dc} に等しい負荷電圧 v_a が出力され，引き続き Q_3 をオンし Q_1 オフすると，v_a は 0 となる．この動作は Q_1 と Q_3 のオンの時間差（これがパルス幅となる）を利用して負荷に方形波パルスを出力する．この時間差を調整してパルス

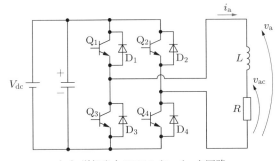

（a）単相出力 PWM インバータ回路

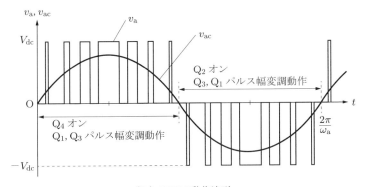

（b）PWM 動作波形

図 5.11 単相出力 PWM インバータ

幅の変調動作を行う．時間差が大きいほど出力電圧パルス幅が長くなるので，負荷抵抗にかかる電圧を高くすることができる．

　これまでの説明は，正の出力電圧を生成する場合である．一方，負の出力電圧を PWM で生成する場合は，Q_2 をオンした状態で Q_3 をオンすると，負荷電圧 v_a は負の電圧 $-V_{dc}$ となり，続いて Q_1 をオンし Q_3 をオフすると，v_a は 0 となる．正の出力と同様に，Q_3 と Q_1 のオンの時間差を利用して負荷に方形波パルスを出力する．

　負荷抵抗 R への出力電圧が正弦波状になるようにインバータを PWM 動作させた波形を，図 5.11 (b) に示す．Q_4 をオン状態で Q_1 と Q_3 による PWM 動作時のパルス幅を短くし，徐々に長くする．最大のパルス幅となったら徐々にパルス幅を短くして，負荷抵抗 R にかかる平均電圧が正弦半波の正の部分となるように調整する．つぎに，Q_2 をオン状態で Q_3 と Q_1 による PWM 動作時のパルス幅を短くし，徐々に長くする．最大のパルス幅となったら徐々にパルス幅を短くして，負荷抵抗 R にかかる平均電圧が正弦半波の負の部分となるように調整する．

　PWM インバータ動作で平均出力電圧を正弦波状にするには，三角波キャリヤを用

いる PWM 信号生成方法がある．**図5.12** のようなハーフブリッジインバータ回路を例に考えてみる．図5.12 (a) は PWM インバータの回路である．図5.12 (b) のように，PWM 波形は，**キャリヤ** (carrier) とよばれる三角波 e_{c} と，基本波として使用する**信号波** (signal wave) e_{s} である正弦波を比較して得られる．比較器（コンパレータ）に

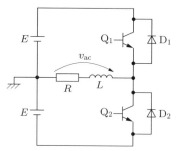

（a）ハーフブリッジ PWM インバータ

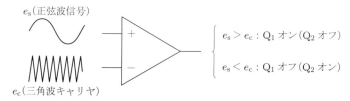

（b）三角波比較によるスイッチング制御

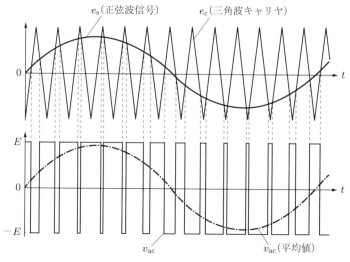

（c）三角波比較回路で生成された PWM 動作波形

図5.12　三角波比較方法を用いた単相出力 PWM インバータ

e_c と e_s の信号を入力し，$e_s > e_c$ のとき Q_1 をオンし Q_2 はオフし，$e_s < e_c$ のとき Q_1 をオフし Q_2 はオンする．比較器への入力信号 e_c, e_s と PWM インバータの出力電圧を，図 5.12 (c) に示す．出力波形は，下側のグラフの太い実線のように，PWM 動作の電圧でパルス幅を変調した E と $-E$ が交互に出力される．PWM の平均値は，太い鎖線で示した正弦波状になる．このように，三角波比較法を用いれば，PWM 動作で正弦波の出力を得ることができる．

　三相の PWM 出力を得るには，6 個のスイッチを用いる三相ブリッジインバータのそれぞれの相で PWM 動作を行う．**図 5.13** に，IGBT を用いた三相出力 PWM イ

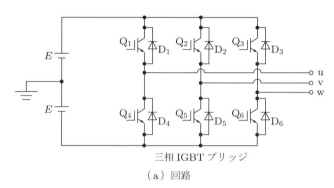

三相 IGBT ブリッジ

（a）回路

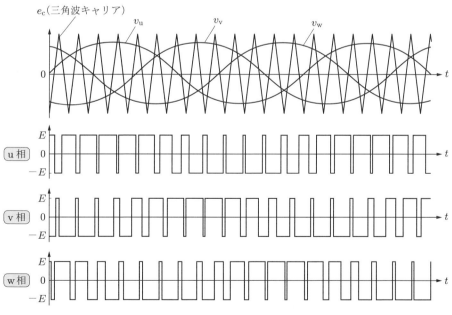

（b）動作波形

図 5.13　IGBT を用いた三相出力 PWM インバータ

ンバータを示す．図 5.13 (a) はその回路図である．直流電源 E は直列に接続され，中間点を接地している．三相インバータには $Q_1 \sim Q_6$ の IGBT を 6 個使用しており，それぞれのスイッチング素子に逆並列にダイオード $D_1 \sim D_6$ が接続されている．Q_1 と Q_4 のアームから u 相，Q_2 と Q_5 のアームから v 相，Q_3 と Q_6 のアームから w 相が出力される．図 5.13 (b) は，三角波比較による PWM 波形生成と各相の出力電圧波形を示す．PWM の生成としては，前述の図 5.12 で説明した単相出力の PWM と同様，各相ごとに三角波比較を行い，PWM 出力電圧を得る．

5.6 多重接続インバータ

　出力階調を制御することで，波形の改善が可能となる．出力階調が 2 レベルの電圧を出力する場合を 2 レベルインバータといい，3 階調の電圧出力の場合を 3 レベルインバータという．これらを含め，多階調出力できるインバータは**マルチレベルインバータ**ともよばれる．一つのインバータでも 2 階調出力が可能であるが，単相インバータを複数個直列に接続することで階調数を増やすことができる．二つの単相インバータを直列に接続した**直列多重インバータ**の基本回路と動作波形を，**図 5.14** に示す．図 5.14 (a) は 2 直列多重インバータの基本回路である．単相インバータの詳細回路は省略して，ブロック図として記述する．各インバータは異なる電圧の独立した直流電源 E_1 と E_2 に接続している．インバータ 1 とインバータ 2 の出力端を直列に接続し，その両端を多重接続の出力となる構成とする．それぞれのインバータの出力電圧を v_1，v_2 とする．図 5.14 (b) は動作波形である．各インバータのスイッチングを異

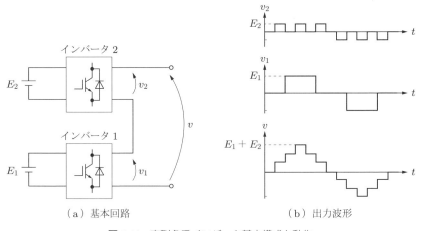

（a）基本回路　　　　　　　　　（b）出力波形

図 5.14 直列多重インバータ基本構成と動作

なる周波数で行うように調整する．直列多重接続した両端の出力電圧 v は，各インバータの電圧波形の重ね合わせにより発生される．このように，各インバータの出力電圧を加減算することで，ステップ状の電圧波形を生成し，交流電圧出力するインバータを，**階調制御型インバータ**ともよぶ．図 5.14 のインバータの場合，出力電圧は各インバータに接続された直流電源に依存し，最大 E_1, E_2 となる．この多重インバータにおいて v_1 と v_2 を直列接続した出力電圧 v は，0, $\pm E_1$, $\pm E_2$, $\pm(E_1 + E_2)$ の 4 階調となるので，4 レベルインバータである．

つぎに，入力側の直流電源を共通とした場合の直列多重インバータについて，**図 5.15** を参照しながら説明する．図 5.15 (a) はその基本回路構成である．入力側の直流電源 E は共通である．一つの直流電源から並列に分岐して，インバータ 1 とインバータ 2 に接続している．各インバータの出力はトランス T_1 とトランス T_2 の 1 次側に接続している．両トランスとも巻き数比は 1:1 である．両トランスの 2 次側を直列に接続する．図 5.15 (b) の v_1 と v_2 のように，両方のインバータの出力波形を同じにし，インバータ 2 に対してインバータ 1 の出力を ϕ 遅らせたとすると，図 5.15 (b) の v のような波形となる．このように，直流電源を共通にした場合でも，階調をもった出力波形を得ることができる．この場合，出力 v は 0, $\pm E$, $\pm 2E$ の 3 階調となり，3 レベルインバータとなる．

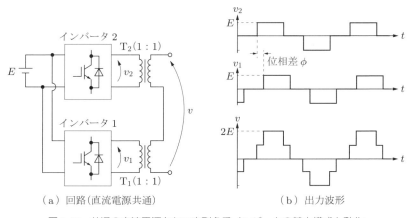

（a）回路（直流電源共通）　　　　　　（b）出力波形

図 5.15　共通の直流電源をもつ直列多重インバータの基本構成と動作

最後に，インバータの並列多重接続を考えてみる．共通の直流電源をもつ三相出力の多重インバータとして，**図 5.16** に示す並列三相多重インバータがある．図 5.16 (a) のように，直流電源 E に対して二つの三相インバータを並列に接続し，二つのインバータの u，v，w の各相にそれぞれのリアクトル L_u, L_v, L_w をつなぐ．各

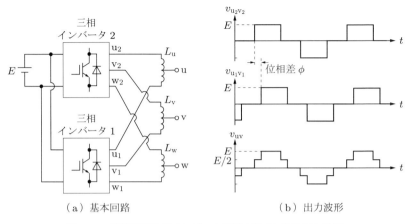

（a）基本回路　　　　　　　　（b）出力波形

図5.16　並列三相多重インバータの基本構成と動作出力波形

リアクトルのセンタタップから各相の出力を得る．図5.16 (b) に，位相差 φ の二つの三相インバータの相間 u_1-v_1 と u_2-v_2 の波形と，末端の u-v 相間出力波形を示す．この並列多重ではリアクトルの中間電圧を出力するので，直列多重の場合の1/2の出力値となる．同様に，末端の v-w，w-u の相間電圧電流が出力される．

　スイッチングパワーデバイスの発達によりインバータ回路の進展が加速した．インバータによる波形制御は電力変換技術に貢献した一方で，スイッチングによるノイズや**高調波** (harmonics) の発生の問題が生じている．反面，多重接続インバータは，方形波出力を組み合わせて多階調に波形出力することで波形改善を図り，高調波軽減の目的で利用されている．

Column　インバータと高調波

　パワーデバイス技術の進展によって高機能化したインバータ装置は，電力変換装置の応用範囲を急拡大させた立役者といえる．しかし，ダイオードやパワーデバイスを用いた半導体電力変換装置，とりわけインバータ装置は，高調波を発生させ，電力系統に障害を引き起こす要因となっている．高調波障害の例としては，高圧設備のリアクトルや進相コンデンサの焼損，ブレーカの誤動作，家電製品の異音・雑音発生，変圧器の騒音などがある．

　障害の元である高調波成分を取り除くにはフィルタを用いるが，このフィルタの設計には周波数成分の解析が必要であり，フーリエ級数展開は有効な解析方法である．以下，そもそも高調波とはどういうものかという基本的なところから見ていこう．

　一定の周期で正負の向きに流れる電流を交流とよぶわけだが，交流波形には**図5.17** に示すような例がある．広く利用されている交流は図5.17 (a) の正弦波である．正弦波以

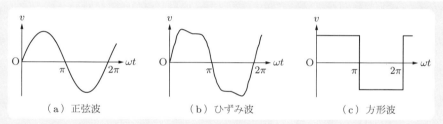

（a）正弦波　　　　　　（b）ひずみ波　　　　　　（c）方形波

図5.17 交流波形の例

外は**ひずみ波** (distorted wave) とよばれる．図 5.17 (b) の波形はもちろん，インバータ
の出力波形として利用される図 5.17 (c) の方形波も，ひずみ波の一種である．

　ひずみ波は異なる整数倍の周波数をもつ正弦波成分の和として合成されている．これ
らの成分は合成されたひずみ波を**フーリエ級数** (Fourier series) 展開して求めることがで
きる．ひずみ波を時間の関数 $v(t)$ とすると，このフーリエ級数展開は

$$v(t) = a_0 + \sum_{n=1}^{\infty} (a_n \cos n\omega t + b_n \sin n\omega t)$$

$$= a_0 + \sum_{n=1}^{\infty} \sqrt{a_n{}^2 + b_n{}^2} \sin(n\omega t + \varphi_n)$$

$$= V_0 + \sum_{n=1}^{\infty} \sqrt{2}\, V_n \sin(n\omega t + \varphi_n) \tag{5.3}$$

のようになる．ここで，

$$V_n = \frac{\sqrt{a_n{}^2 + b_n{}^2}}{\sqrt{2}}, \quad \varphi_n = \tan^{-1}\frac{a_n}{b_n} \quad (n \geqq 1) \tag{5.4}$$

である．

　式 (5.3) の第 1 項の V_0 は直流成分で変化しない値である．第 2 項は各正弦波成分で
あり，$n=1$ の場合を基本波 (fundamental wave)，$n=2$ の場合を第 2 高調波 (second
harmonic)，$n=3$ の場合を第 3 高調波 (third harmonic)，一般に n の場合を第 n 高調波
とよぶ．また，$n \geqq 2$ の場合を総称して**高調波**という．各高調波成分は，式 (5.3) において，
周波数 $f = 1/T$，角周波数 $\omega = 2\pi f = 2\pi/T$，変数変換 $\theta = \omega t$ により，

$$a_0 = V_0 = \frac{1}{T}\int_0^T v(t)\,dt = \frac{1}{2\pi}\int_0^{2\pi} v(\theta)\,d\theta$$

$$a_n = \frac{2}{T}\int_0^T v(t)\cos n\omega t\,dt = \frac{1}{\pi}\int_0^{2\pi} v(\theta)\cos n\theta\,d\theta \quad (n \geqq 1) \tag{5.5}$$

$$b_n = \frac{2}{T}\int_0^T v(t)\sin n\omega t\,dt = \frac{1}{\pi}\int_0^{2\pi} v(\theta)\sin n\theta\,d\theta \quad (n \geqq 1)$$

のように計算できる.

全体としてどれくらい高調波成分があるか, つまり, どれくらいひずみがあるかは, 次式で定義される, 交流波形の**ひずみ率** THD (total harmonic distortion) からわかる.

$$\text{THD} = \frac{V_{\text{H}}}{V_1} = \frac{\sqrt{\sum_{n=2}^{\infty} V_n{}^2}}{V_1} \tag{5.6}$$

ここで, V_1 は基本波の実効値, V_{H} は高調波の実効値である.

方形波と正弦波の関係について考えてみよう. 図 5.18 (a) は, 2π を 1 周期とする方形波を, 正弦波 (基本波) v_1 と基本波の逆形状の波形 v_{h} との合成により波形成形したものである. これは, 7.4.2 項で述べる高調波対策の一つ (アクティブフィルタ) の原理となる波形成形法である. 図 5.18 (b) は, 方形波をフーリエ級数に分解して, 基本波 v_1 と第 3 高調波 v_3, 第 5 高調波 v_5, これら三つを合成した波形を示す. 高調波の次数を多くとって合成することで, 元の方形波に近づいていくのが直感的にわかる.

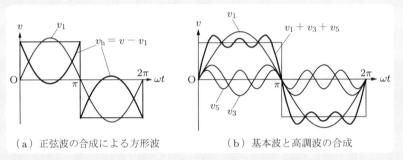

(a) 正弦波の合成による方形波 　　　　　 (b) 基本波と高調波の合成

図 5.18 方形波 (ひずみ波) のフーリエ級数展開

演習問題

5-1 図 5.19 に示すインバータ回路の分類において，(ア)～(オ) に入る語句を記入せよ.

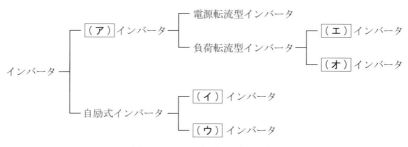

図 5.19　インバータ回路の分類

5-2 トランジスタをスイッチング素子に用いたハーフブリッジインバータ回路を図示せよ.
負荷には抵抗とインダクタが直列に接続されているものとする.

5-3 前問 5-2 で解答した回路図において，アームとレグはどの箇所かを図示せよ.

5-4 アーム短絡とはどのような状況をいうのか説明せよ. 前問 5-3 で解答した回路図にお
いて，アーム短絡を防止する方法を，出力動作波形を示して説明せよ.

5-5 PWM インバータの PWM とは英語の頭文字を表しているが，PWM をフルスペルで
記述せよ. また，PWM 出力について説明せよ.

5-6 図 5.20 に示すハーフブリッジインバータ回路において，三角波比較法を用いた PWM
出力電圧波形を示せ.

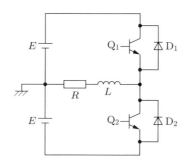

図 5.20　ハーフブリッジインバータ

5-7 図 5.21 に示す三相 (u, v, w) 出力インバータ回路において，三角波比較法による各相
の中性点 N に対する PWM 出力電圧波形を図示せよ. また，u-v, v-w, w-u の線間電圧
を図示せよ.

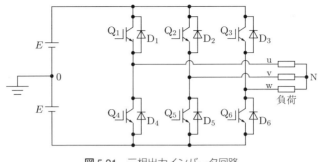

図 5.21　三相出力インバータ回路

5-8　直列多重接続インバータの接続回路例を示せ．また，例示した直列多重接続インバータ回路の出力電圧波形を示せ．ただし，出力電圧は PWM 方式の出力とする．

5-9　並列多重接続インバータの接続回路例を示せ．また，例示した並列多重接続インバータ回路の出力電圧波形を示せ．ただし，出力電圧は PWM 方式の出力とする．

6 絶縁型 DC-DC コンバータ

この章の目標……………………………………………………………………
- スイッチング電源用変圧器の基本特性について理解すること.
- 1石フォワードコンバータとフライバックコンバータの動作を理解すること.
- ブリッジ型コンバータの動作原理を理解すること.
……………………………………………………………………

　交流電力を直流電力に変換する機器を，**コンバータ** (converter) または順変換器という. 前章のインバータに対比したよび方である. 海外では，整流器やインバータも converter と称している教科書もある. 本書でも直流 – 直流変換回路としては第4章の昇降圧チョッパでも述べており，これらは非絶縁型 DC-DC コンバータともよばれ，紛らわしい. ほかに，交流 – 直流 (AC-DC) 変換と直流 – 直流 (DC-DC) 変換を行う半導体電力変換装置を指す場合もあるが，本章では，スイッチング回路と変圧器を用いた直流を出力する電源装置としての絶縁型 DC-DC コンバータを扱う. 中でも，直流をチョッパやインバータでスイッチングしてパルスや交流に変換後，変圧器を用いて所定の電圧に変換するコンバータ回路である. ここでは，スイッチングデバイスと並んで変圧器が重要な役割を果たす. そこで，6.1節では，DC-DC コンバータに使用される変圧器について述べることにする. そして6.2節以降で，各種 DC-DC コンバータ回路について詳述する.

6.1 スイッチング電源用変圧器

　パワーエレクトロニクス回路の受動部品としては，抵抗，コンデンサ，リアクトルなどと並び，**変圧器** (transformer) または**トランス**は大変重要な役割を担う. 変圧器は交流電圧やパルス電圧を異なる電圧に変換することはいうまでもないが，DC-DC コンバータにおいては電圧変換のほかに，1次側 (primary) と 2次側 (secondary) の回路を電気的に絶縁する役割も果たす.

　パワーデバイス技術の進歩によってスイッチング周波数を高くできるようになってきており，高い周波数の実現は DC-DC コンバータの小型化に貢献している. それでは，パワーデバイスのスイッチング周波数が変圧器の設計にどのような影響を与える

のかを考えてみる．一般に，変圧器のコア材（鉄心ともいう）には，透磁率 μ の高い強磁性体が用いられる．それは，磁束 ϕ は磁性体を通過する性質があるから，変圧器として 1 次側と 2 次側の巻き線の結合を容易に高めることができるためである．

6.1.1　変圧器の動作原理

図 6.1 に変圧器の動作モデルを示す．トロイダル形状のコア材に 1 次と 2 次の巻き線を施した変圧器とすると，図 6.1 (a) のような磁気回路となる．N_1 は 1 次側の巻き線（コイル），N_2 は 2 次側の巻き線である．1 次と 2 次の巻き数比は $N_1 : N_2$ とする．1 次巻き線に電流 I_1 を流す．すると，右ネジ法則に従って，磁束 ϕ が発生する．このとき，磁束 ϕ を打ち消す方向に磁束 ϕ' が発生する．この ϕ' により 2 次巻き線 N_2 に電流 I_2 が流れる．損失がなく理想的な場合，1 次側巻き線の両端電圧 V_1 と 2 次側巻き線両端電圧 V_2 の関係は

$$V_2 = \frac{N_2}{N_1} V_1 \tag{6.1}$$

となり，電流 I_1 と I_2 の関係は

$$I_2 = \frac{N_2}{N_1} I_1 \tag{6.2}$$

となる．

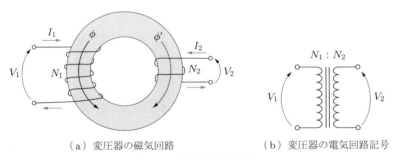

（a）変圧器の磁気回路　　　　　　　（b）変圧器の電気回路記号

図 6.1　変圧器の動作モデル

変圧器の小型化を考えるとき，磁性体が磁気飽和するまでの電圧時間積が関係する．一般に，強磁性体は，図 6.2 に示すような B-H 曲線を描く．これは，電磁気学ではおなじみのヒステリシス曲線である．縦軸は磁束密度 B（単位は T（テスラ））で，横軸は磁界 H（単位は A/m）である．B と H の関係はつぎのようになっている．

$$B = \mu H \tag{6.3}$$

ここで，μ は透磁率である．図 6.2 にも示しているように，B-H 曲線の傾きが μ に等しいのである．ただし実際には，B-H 曲線は非線形なので，μ は一定ではなく，図 6.2 に示すようにヒステリシス曲線の各点における傾き，つまり磁束と磁界の変化の比（微分）で考えなければならない．μ の高い領域と μ の低い領域がこのヒステリシス B-H 曲線には存在する．B-H 曲線での正の H に対して磁束密度が飽和した値を**飽和磁束密度** B_s といい，$H = 0$ を通過する値を**残留磁束密度** B_r という．負の H に対しては，マイナスを付けた値 $-B_\mathrm{s}$ および $-B_\mathrm{r}$ となる．一方，$B = 0$ を通る点を**保磁力** H_c という．磁性体を用いた変圧器設計について考えてみると，これらの値は，磁束密度が変圧器の**励磁コイル**（1 次巻き線）にかかる電圧と，変圧器として動作できる時間に影響する．これをヒステリシス B-H 曲線の値を用いて，次式のように表すことができる．

$$\frac{1}{N} \int_0^\tau V(t)\,dt = \int_{A_\mathrm{m}} B\,ds = A_\mathrm{m}\Delta B \tag{6.4}$$

ここで，N は励磁コイルの巻き線数，$V(t)$ は励磁コイルにかかる電圧，τ は飽和までの時間であり，$V(t)$ の τ における時間積分値を **VT積**という．また，A_m は磁性体の断面積，ΔB は実行動作磁束密度である．

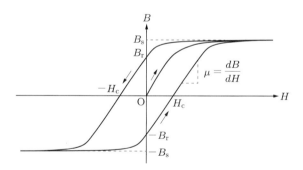

図 6.2 磁性体のヒステリシス B-H 曲線

実行動作磁束密度は，励磁コイルに交流電圧が印加される場合に $\Delta B \fallingdotseq 2B_\mathrm{s}$ となり，励磁コイルに単一極性のパルス電圧が印加される場合に $\Delta B \fallingdotseq B_\mathrm{s}$ となる．このことから，変圧器を小型に（A_m を小さく）するには，B_s の大きな磁性材料を選択するとよいことがわかる．あるいは，飽和までの時間 τ を短くすることでも変圧器の小型化ができる．後者をいい換えると，励磁側のコイルに周波数の高い交流電圧を印加することで変圧器を小型化できるのである．また，μ 値の大きな磁性材を変圧器のコア材

とすると，1次と2次の結合係数を高くできるので，電圧の変換効率が良くなる．ただし，磁性材料の未飽和時と飽和時の μ 値の変化が大きいので，飽和させないような設計が不可欠である．さらに，保持力の小さな磁性材料はヒステリシス損失を抑えることができるので，低損失化には有利である．

6.1.2　変圧器のコア材

変圧器の小型化には，励磁コイルに高周波電圧を印加することに加え，B_s の大きなコア材を選ぶ必要があると述べたが，ほかにも，コア材を選定するうえで重要な物理特性がある．表6.1 にまとめた各種コア材の物理特性を参照しながら，説明しよう．

表6.1　各種コア材の物理特性

磁性材料	鉄基ナノ結晶質合金（FT-3H）	鉄基アモルファス合金（2605CO）	コバルト基アモルファス合金（2714）	パーマロイ（80%Ni, 高 μ）	Mn-Znフェライト	ケイ素鋼板（3%Si）
飽和磁束密度 B_s [T]	1.23	1.8	0.57	0.74	0.44	1.9
残留磁束密度 B_r [T]	1.09	1.6	0.52	0.44	0.26	1.6
初透磁率（0.02 T での） μ_i	—	14000	170000	50000	5300	2700
比透磁率（100 kHz での） μ_r	5000	5000	80000	5000	5300	800
飽和時比透磁率 μ_{rs}	～1	～1.3	～1	—	～3	
保磁力 H_c [A/m]	0.6	4	0.2	2.4	8	6
半周期（0.5 µs）コア損失 P_c [J/m^3]	710	1680	—	—	70	—
飽和磁歪 λ_s（× 10^{-6}）	0	35	0	0	0.6	−0.8
キュリー温度 [℃]	570	415	225	460	>150	750
抵抗率 ρ [µΩ·m]	1.2	1.23	1.42	0.6	1×10^{12}	0.48

比透磁率の高いコア材としては，鉄基ナノ結晶質合金や各アモルファス合金やパーマロイがある．これは，とくに高周波領域での特性に優れる材料である．希土類のフェライトは，飽和磁束密度が小さく，比較的安価でいろんな形状に加工がしやすく，高周波の変圧器コア材として普及している．ケイ素鋼板は，電力用変圧器のコア材と

して広く使われているが，高周波領域においては損失が大きく，使用する周波数帯域が限定される．

なお，表6.1に示した値は，あくまで目安となるように，**図6.3**(a)に示すトロイダル形状のノンカットコアの代表値を示したものである．実際の変圧器設計では，図6.3(b)に示すような形状のカットコアを選定する場合が多い．カットコア形状では，表6.1に示した値が一部異なってくる．変圧器設計においては，メーカからの仕様値を参照する必要がある．

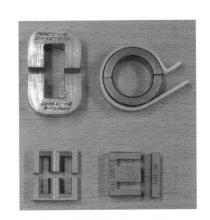

（a）トロイダル形状のコア　　　（b）各種形状のカットコア

図6.3　各種形状のコア材

6.2　1石フォワードコンバータ

スイッチングを行うパワーデバイスを1素子構成にし，かつ，ターンオン時に変圧器を介して一極性で電力変換し直流出力する電源装置を，**シングルエンデド絶縁型フォワードコンバータ** (single-ended isolated forward converter) とよぶ．通常，電子機器などの電源では安全動作を行ううえで入力側と出力側を絶縁する場合があり，このため，トランスを用いた絶縁方式のスイッチングコンバータを用いることがある．ここでは，トランスで入出力を絶縁したタイプのDC-DCコンバータ回路でも正極性での**絶縁型1石フォワードコンバータ**について述べる．パワーデバイスのスイッチング周波数を高くすれば，トランス（変圧器）やリアクトル，さらには平滑用のコンデンサを小型にできることから，比較的出力の小さなDC-DCコンバータではスイッチング周波数 200 kHz ～ 500 kHz クラスのものが実用化されている．

図6.4は，トランスによる入出力絶縁した絶縁型1石フォワードコンバータである．

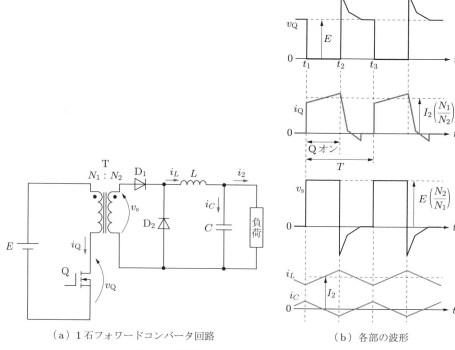

（a）1石フォワードコンバータ回路 （b）各部の波形

図6.4 絶縁型1石フォワードコンバータ

図 6.4 (a) にその基本回路を示す．入力側の直流電源 E からトランス T の1次巻き線 N_1 を通して，スイッチングデバイス Q に接続している．ここで，Q は MOSFET としている．T の2次側巻き線 N_2 は，ダイオード D_1 と D_2 が接続されて，インダクタ L を通して出力端のコンデンサ C に接続している．Q のオン時に出力回路に電流が流れ込む回路であるため，L のフィルタを通して C を充電するようにしている．

　動作波形は図 6.4 (b) のようになる．時刻 t_1 で Q をオンすると，T の1次巻き線 N_1 に電圧 E が印加されて電流 i_Q が Q を流れる．このとき，ダイオード D_1 が導通して L に電流 i_L が流れる．時刻 t_2 で Q をオフすると，T の2次巻き線 N_2 にかかる電圧 v_s には，励磁側の1次巻き線 N_1 に蓄えられていたエネルギーが逆極性の電圧として発生する．それにより，D_1 は非導通となり，一方 D_2 は導通し，環流ダイオードとして負荷に電流を流し続け，つぎに Q がオンする時刻 t_3 までこの状態を維持しようとする．Q がオフすることでサージ電圧が生じて，v_Q には E より高い電圧が生じる．

　フォワードコンバータにおいてトランスの励磁側電圧は単極性となる．そのため，逆バイアス磁界をトランス T に与えなければ，磁気飽和する．よって，この回路では，

Qがオフしている期間に磁気飽和を防止するために，Tの磁束を元に戻すためのリセットが必要となる．リセットの方法はいくつかあるが，たとえば，Tにリセット用の3次巻き線を施してQがオフしている期間に逆バイアスの磁界を印加する方法がある．

フライバックコンバータ (flyback converter) のフライバックとは，古くから利用されていたブラウン管式テレビの水平偏向回路に使用されていたフライバックトランスに由来する．

図 6.5 (a) に典型的なフライバックコンバータの回路を示す．フライバックコンバータは前述のフォワードコンバータに類似しているようにも見えるが，動作モードはまったく異なる．フォワードコンバータはQがオンのときにトランス2次側の出力回路に電流を流したのに対して，フライバックコンバータはQがオフのときにトランス2次側の出力回路に電流が流れるようになっている．以下，フライバックコンバータの回路図と動作を詳しく見ていこう．

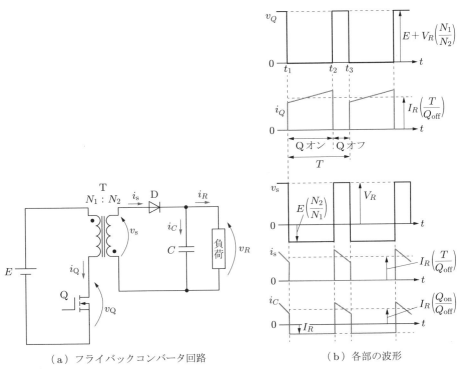

（a）フライバックコンバータ回路 　　　　　（b）各部の波形

図 6.5 フライバックコンバータ

トランス T の 2 次巻き線はフォワードコンバータのトランスとは逆極性となっている．T の 1 次側には入力の直流電源 E とスイッチングデバイス Q は MOSFET である．T の 2 次側はダイオード D とコンデンサ C がある．前節のフォワードコンバータは，Q がオンのときに出力側に電流が流れる動作であったので，C を直接充電するのを防止するためにも L のフィルタとしてのはたらきが必要であったが，フライバックコンバータではこの L が不要となる．

図 6.5 (b) はフライバックコンバータ各部の波形である．フライバック方式の動作としては，T に電磁エネルギーとして蓄えられたエネルギーを Q のオフ動作時に放出させて，C を充電する．この C への充電電流は T の蓄積エネルギーで決まるため，常に供給されるのではない．そのため，L をとくに必要としない．フライバックコンバータには電流断続モードと電流連続モードがあるが，これらのモードの違いは，Q がオンする時刻 t_1 および t_3 で，ダイオード D の電流 i_s が 0 となっているか，それ以上かである．ここでは，電流連続モードについて説明する．Q のターンオンスイッチング時の電圧は，直流電源電圧 E に出力電圧を T の巻き数比で換算した $V_R(N_1/N_2)$ が重畳される電圧となる．時刻 t_1 で Q がオン状態となり，T の 1 次巻き線に電流が流れることで，エネルギーが蓄積される．T の 2 次巻き線はフォワードコンバータのときと逆極性なので，このとき D は導通しないため，T の 2 次側の出力としてエネルギーは負荷に転送されない．時刻 t_2 で Q がオフすると，T に蓄積されていたエネルギーが放出され，T の 2 次巻き線間に v_s の電圧が発生する．このとき，D が導通し，電流 i_s が流れる．この電流は負荷電流 i_R とコンデンサ C の充電電流 i_C に分配される．フライバックコンバータは T にエネルギー蓄積し，Q のオフ動作でエネルギーを出力するので，T の容量，つまりコアの体積に依存する．そのため，大電力の電源としては不向きで，比較的小さな電力の電源として利用されることが多い．

6.4 ブリッジ型コンバータ

前述の 1 石フォワードコンバータやフライバックコンバータでは，絶縁を担っている変圧器での電力伝送が単極性であったため，変圧器のリセット動作が必要であった．スイッチング回路がブリッジ型になると，変圧器 1 次側はインバータ動作となり，変圧器には正負両極性の電圧が印加されるので，磁気リセットが不要となる．スイッチングデバイスを複数個使用することで，1 素子あたりの負担が減り，通電率を高くすることができるため，大電力を扱うことが容易である．ブリッジ型コンバータには，変圧器の 1 次側に接続されているインバータ回路がハーフブリッジの場合とフルブリッジの場合がある．それぞれについて詳述していこう．

6.4.1 ハーフブリッジコンバータ

図 6.6 に，変圧器による絶縁方式を用いたハーフブリッジ DC-DC コンバータを示す．図 6.6 (a) はその基本回路図で，入力側には直流電源 E がある．スイッチ Q_1 と Q_2 には IGBT を用い，コンデンサ C_1 と C_2 を直列に接続したものを E に並列に接続している．ここで，E の電圧を均等に $E/2$ にした電圧をコンデンサで分担するために，コンデンサの静電容量の条件を $C_1 = C_2$ としている．これら $E/2$ の電圧は Q_1，Q_2 のスイッチング電圧 v_{Q_1}，v_{Q_2} に等しくなる．Q_1，Q_2 と C_1，C_2 の接続点を変圧器 T の 1 次巻き線の両端に接続する．T の巻き数比は $N_1{:}N_2$ としている．T の 2 次側はダイオードブリッジに接続されている．出力側に電圧と電流を検出する回路を設け，設定の電圧と電流になるように制御回路で判定して Q_1，Q_2 のゲート回路を

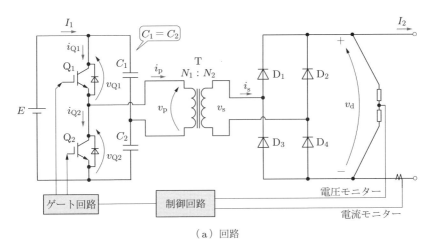

（a）回路

（b）各部の電圧波形

図 6.6 ハーフブリッジ DC-DC コンバータ

駆動する．Q_1 と Q_2 のスイッチングは，デッドタイムを挟んで交互にオンすることで交流変換する．スイッチング周波数を高くすることができれば，6.1 節で説明したとおり，T の容積を減らすことができるが，スイッチング周波数に応じたコア損失があるため，高周波に適したコア材料を選ぶ必要がある．通常，スイッチング周波数が高くなると，コア損失がヒステリシス損失から渦電流損失にそのウェイトがシフトする．

図 6.6 (b) は，ハーフブリッジ DC-DC コンバータ動作電圧波形である．v_p は T の1 次側巻き線間の電圧波形である．損失がなく理想的な場合，T の巻き数比 $N_1:N_2$ に対応した交流電圧が 2 次巻き線に発生する．$D_1 \sim D_4$ で構成される 2 次側のダイオードブリッジで整流され，直流出力される．このダイオードブリッジ ($D_1 \sim D_4$) には高周波の電圧を整流しなければならないので，逆回復特性のよい高周波用のダイオードが用いられる．出力端には整流された電圧 v_d が出力される．出力される電圧と電流をモニターして制御回路にフィードバックし，設定されている電圧電流を超えるような場合にハーフブリッジインバータのデューティを下げ，逆に低いような場合にデューティを上げることで所定の出力電圧を保つように制御している．第 3 章で述べたように，ダイオードブリッジ整流後の出力端にコンデンサを入れると，電圧はより安定させることができる．

6.4.2　フルブリッジコンバータ

つぎに，インバータ部をフルブリッジにしたコンバータ回路について考えてみる．基本的な動作はハーフブリッジとほぼ同じである．フルブリッジ DC-DC コンバータを図 6.7 に示す．図 6.7 (a) はその回路図である．回路としてもインバータ部以外はほぼ同じである．E は入力側の直流電源で，直流電圧を安定化させるためにキャパシタ C_d を E に並列に入れている．点線で囲まれた箇所はフルブリッジの IGBT インバータを構成している．スイッチングデバイス $Q_1 \sim Q_4$ には逆並列ダイオードが接続されている．変圧器 T の巻き数比は $N_1:N_2$ で，2 次巻き線両端はダイオードブリッジ ($D_1 \sim D_4$) に接続され整流し出力される．出力端では電圧と電流を検出し，所定の値になるように $Q_1 \sim Q_4$ のスイッチングを制御している．

図 6.7 (b) は，T の 1 次側電圧 v_p と出力電圧 v_d の動作波形である．フルブリッジインバータの Q_1 と Q_4 をオンすると，T の 1 次側には正極性の $v_p = E$ の電圧が印加される．デッドタイムを挟んで Q_2 と Q_3 をオンすると，T の 1 次側には負極性の $v_p = -E$ の電圧が印加される．そして，T の巻き数比に応じた直流電圧が出力される．これらの電圧は，前述のハーフブリッジコンバータの 2 倍である．

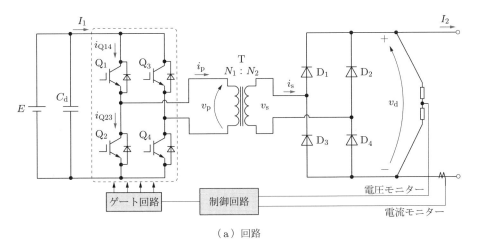

（a）回路

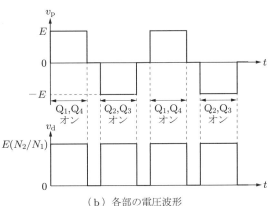

（b）各部の電圧波形

図 6.7 フルブリッジ DC-DC コンバータ

演習問題

6-1 DC-DC コンバータで変圧器を用いる目的は何か，第4章の直流チョッパと比較して説明せよ．

6-2 DC-DC コンバータで変圧器を小型化するには，インバータ部をどうすればよいか答えよ．

6-3 1石フォワードコンバータ回路において変圧器のリセットが必要になるのはなぜか答えよ．

6-4 図 6.5 に示すフライバックコンバータで，$E = 100\,\mathrm{V}$，Tの1次巻き線による励磁インダクタンス $1\,\mathrm{mH}$，巻き数 $N_1 = 50$，Qのオンとオフの時間を同じにして動作させた．Q

がオフの時間にちょうどトランスの励磁側巻き線に蓄えられたエネルギーを放出させるように設計したい. 出力電圧を 50 V にするには, 周波数 f_r および N_2 の巻き数をいくらにすればよいか答えよ. また, 各波形も図示せよ. ただし, 負荷抵抗は $R = 50\,\Omega$ とする.

6-5 フライバックコンバータが小容量の電源として用いられるのはなぜか答えよ.

6-6 ハーフブリッジ型とフルブリッジ型の DC-DC コンバータの違いについて説明せよ.

7 パワーエレクトロニクス技術の応用

この章の目標 ･･･
・電源技術を核としたパワーエレクトロニクスの応用分野を知ること.
・パワーエレクトロニクスと電力エネルギーや交通などの社会インフラとのつ
　ながりを理解すること.
・パワーエレクトロニクスが家電製品から医療機器まで豊かな社会生活の基盤
　技術であることを知ること.
･･

　これまでの第1～6章においては,パワーエレクトロニクスの基本的な技術内容
を述べてきた.本章では,これらの技術を複合的に駆使した実際の応用について解説
していく.よって,これまで学習した内容が重複した箇所も出てくるが,復習の意味
でも前出の章を参照しながら学んで欲しい.
　現代社会において至るところでパワーエレクトロニクス技術が活用されているの
は,ここまでに何度か述べてきた.ここでは,電力や交通といったインフラを支える
ものから家電や産業・医療機器までを分類して,説明していく.

7.1 電源装置

　電源は,地味な存在ではあるかもしれないが,電気で動作するすべての機器におい
て不可欠なものである.電気機器によって,直流,交流,パルス,さらに交流でも高
周波といった電源が存在する.また,電圧も,数Vから数MVまでと,用途によっ
てさまざまである.
　直流電源の多くは,ダイオードを用いた整流回路を使用していて,小容量の場合は
単相整流,大容量になると三相以上の整流を用いた電源がある.また,電力を調整す
る場合は,サイリスタを用いた整流回路がある.小型のデジタル情報通信機器,ノー
トパソコンやOA機器などのほとんどが,直流電源により駆動されている.とくに,
モバイル機器は蓄電池を電力源にとしているので,今後ますます低電圧小型直流電源
の需要は増していくものと考える.
　一方,交流電源は,大容量の機器に利用されることが多い.50/60 Hzの商用周波
数の電源,高周波電源などがある.

レーザなどを駆動する特殊用途の電源としては，単極性パルス電圧を出力する電源もある．

7.1.1　シリーズレギュレータ

シリーズレギュレータ電源回路は，簡単に一定電圧の直流を出力できるので，古くから小型小容量の電源として利用されている．基本的には，負荷に直列に電圧制御素子を接続して降圧動作させるものである．具体例としては，商用の交流電圧を変圧器で降圧および整流した直流を入力側として，トランジスタを負荷に直列に接続して電圧降下させることで，負荷に一定の電圧を供給する．電圧降下分の電位差分だけの電力は消費され，熱となる．つぎの 7.1.2 項で扱うスイッチングレギュレータと比較すると，シリーズレギュレータ電源回路は，電力損失は大きいが，リプルやノイズが少なく安定性に優れ，小型・低コストで構成できるなどの利点がある．そのため，電源装置単体としてではなく，小型小電力電源回路として回路モジュールの中に組み込まれた形で多く利用されている．図 7.1 に示す三端子レギュレータは，小型高精度で，各種保護回路も付いている IC として販売され，広く普及している．小型のものは数ミリの面実装タイプのものからあり，比較的容量が大きいものはディスクリートタイプのものである．

図 7.1　各種の三端子レギュレータ

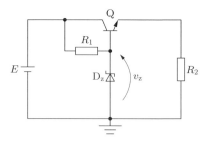

図 7.2　シリーズレギュレータの基本回路

図 7.2 はシリーズレギュレータの基本回路である．入力は直流電源 E で，トランジスタ Q のベースに抵抗 R_1 とツェナーダイオード D_z が図のように接続された構成となっている．R_2 は負荷抵抗である．R_1 を流れる電流は $(E - v_z)/R_1$ となる．R_2 にかかる電圧が変化すると，Q のベースとエミッタ間の電圧が変化することでベース電流が変化して，Q のコレクタ電流を変化させる．この動作は結果として，負帰還による電圧安定化制御となる．

図 7.3 に三端子レギュレータを用いた電源回路例を示す．図 7.3 では，交流の商用

電源を変圧器で電圧変換してダイオードブリッジで整流し，直流を得ている．平滑用の電解コンデンサを接続した後，三端子レギュレータでさらに電圧を安定化させている．三端子レギュレータには，発振防止用のキャパシタが取り付けられている．負荷の瞬時的な変動に対応するために，出力端にも電解コンデンサを取り付けている．三端子レギュレータは，5 V，9 V，12 V，15 V，24 V とさまざまな出力電圧仕様のものがある．前述のとおり，三端子レギュレータの入力電圧は出力電圧より高くする必要がある．入出力の電位差は熱となるため，実際の使用においてはヒートシンクを取り付け，熱対策を施す場合もある．

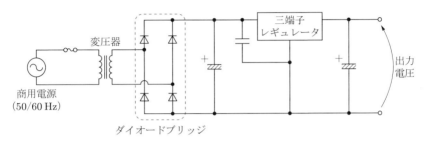

図 7.3　シリーズレギュレータを用いた直流電源

7.1.2　スイッチングレギュレータ

　スイッチングレギュレータ電源回路は，パワーデバイスのスイッチングにより直流電圧を調整するもので，すでに学んだ第 4 章の昇降圧チョッパ回路と第 6 章の各コンバータ回路を用いて，直流出力をコントロールする電源である．前項のシリーズレギュレータに比べると，電力容量を大きくすることができる．シリーズレギュレータでは商用周波数で変圧器を使用しているのに対して，周波数を自由に調整できるスイッチングレギュレータでは変圧器を小型にすることができる．スイッチングレギュレータは，基板に実装できる低電圧で小型のものから kW 級で高電圧のものまで，さまざまなタイプのものが製品化されている．小容量で 1 石チョッパ回路を用いているものから，大容量でフルブリッジのインバータを利用しているものまで，さまざまである．

　スイッチングレギュレータ方式の直流電源で身近なものとしては，スマートフォンの充電やノートパソコンの電源などとして利用されている AC アダプタがある．その基本回路を図 7.4 に，各種 AC アダプタの外観を図 7.5 に示す．

　図 7.4 の回路において，入力の交流はコンセントから供給される．過電流保護のためのヒューズと，交流入力時の突入電流対策としての負の温度係数をもつ NTC サー

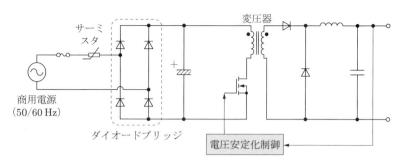

図7.4 スイッチングレギュレータ方式のACアダプタ電源回路例

図7.5 各種ACアダプタ

ミスタを用いている．ダイオードブリッジで整流し，第6章で述べた1石フォワードコンバータ回路（図6.4参照）を用いて出力している．出力電圧は電圧検出され，電圧安定化制御されている．非常にシンプルな回路構成で小型化できるだけでなく，多様な交流入力にも対応している．

　図7.5の写真は各種ACアダプタの外観である．左はノートコンピュータ用電源（出力：DC 16 V，2.8 A）である．真ん中はUSBハブ用電源（出力：DC 5 V，4 A）である．右はスマートフォンなどの充電用（出力：DC 5 V，1 A）で，大きさ3 cm × 3 cm × 3 cmの立方体にACコンセントプラグとDC出力のUSBコネクタが内蔵されている．近年の多くのACアダプタの入力はAC 100 V ～ AC 240 Vで，世界中どこでも使用できるようにワールドワイドに対応している．

　図7.6に，スイッチングレギュレータ方式の直流電源の構成例を示す．商用の交流電力をダイオードブリッジで直流変換し，電解コンデンサで平滑化している．ブリッジ型インバータで交流に変換して，変圧器で所定の電圧に変換後，ダイオードブリッジによって再び直流に変換して，出力している．出力電圧を検出回路によってモニターしていて，常に出力電圧が一定になるようにインバータの動作を制御している．インバータは数100 kHzの高周波で動作させているものが多く，変圧器を小型化して

いる．一方で，インバータの高周波化はスイッチング損失の増加を招くが，最近のパワーデバイスの高速化と低損失化によって，90% を超える高効率の電源を達成している．その反面，スイッチングの高速化と高周波化は，スイッチングノイズの問題を発生させる．スイッチングノイズは，電源自身の制御回路の誤動作を招くばかりでなく，周辺回路や装置へ悪影響を及ぼす．そのため，ほとんどのスイッチングレギュレータ電源には，ラインノイズを除去するためのフィルタが挿入されている．

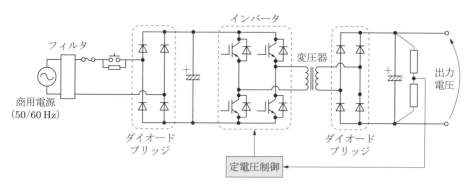

図 7.6 スイッチングレギュレータによる直流電源構成例

スイッチングレギュレータ方式の直流電源の多くは，電気機器の補機類の電源や制御機器の電源としても多く利用されている．**図 7.7** の写真は，各種スイッチングレギュレータ方式の AC-DC コンバータである．写真の右側の三つは，基板実装用の AC-DC コンバータである．出力電圧も単出力のものから多出力のものまで市販されている．写真の左側は，制御盤などによく取り付けられるタイプで，比較的容量の大きな AC-DC コンバータである．左上のものはオープンフレームとなっている．

図 7.7 スイッチングレギュレータ方式の各種 AC-DC コンバータ

7.1.3　高周波電源

　高周波電源には，工業用途として誘導加熱，高周波プラズマ発生，超音波発生などがある．周波数は数 100 kHz ～ 数 100 MHz まで幅広く利用されている．半導体産業で使用されている高周波プラズマなどの工業用には，13.56 MHz の周波数が割り当てられている．

　図 7.8 は，13.56 MHz の高周波放電プラズマを生成するシステムのブロック図である．まず発振回路で低電圧の基本周波数 (13.56 MHz) を生成し，これをゲート信号にして，高周波増幅回路で所定の電力まで増幅する．負荷である放電プラズマは一定のインピーダンスではないので，放電状態に応じてインピーダンスマッチング回路で高周波電源と負荷である放電プラズマとのインピーダンス整合をとり，負荷での電力吸収を最大にする．

図 7.8　高周波放電プラズマ発生システム

　図 7.9 に，パワー MOSFET を用いた高周波電源システムの基本回路を示す．これは，定電力制御の比較的小容量（～数 kW）の高周波電源である．発振回路で低電圧の基本周波数の信号を生成し，ゲート回路でパワー MOSFET をスイッチング制御することで，高周波の電力増幅を行う．出力と負荷のインピーダンス不整合があると，負荷から電源への電力の反射が生ずることがある．そのため，インピーダンスマッチング回路による電源と負荷とのインピーダンス整合をとる必要がある．インピ

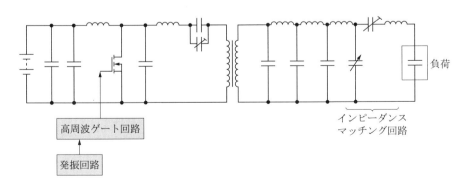

図 7.9　パワー MOSFET を用いた高周波電源の基本回路

ーダンスマッチングには，一般に，バリコンとよばれる可変コンデンサを用いる．実際には，電力の進行波と反射波を SRW メータなどの電力計を用いて高周波電力計測しながら反射電力がなくなるように調整する．高周波電源を用いたプラズマの応用としては，多くの微細構造プロセスへの利用がある．プラズマ CVD (chemical vapor deposition)，スパッタリングなどの薄膜堆積プロセス，エッチングによる加工など多くの半導体産業に利用されている．

ほかに，高周波電源を利用するものとして，**誘導加熱** (induction heating) がある．誘導加熱とは，簡単にいえば，電磁誘導を利用した加熱のことである．その加熱の原理は以下のようになる（**図** 7.10 も参照）．

① 高周波電源で加熱コイルに交流電流を流すと，交番磁束が発生する．

② コイルの内側にあるパイプ状の被加熱金属には，コイルを流れる電流と逆向きに**渦電流** (eddy current) が流れる．

③ 被加熱金属の抵抗と渦電流により，ジュール熱が発生し，被加熱金属が加熱される．

この誘導加熱を利用した代表的な製品としては，7.3.2 項で説明する IH 調理器がある．

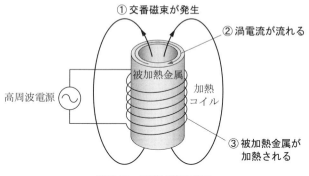

図 7.10　誘導加熱の原理

図 7.11 に，誘導加熱装置用電源回路の例を示す．入力の商用電源は，小容量の場合は単相，大容量の場合は三相交流を用いる．整流回路で直流変換後に，高周波インバータで高周波の電流を整合変圧器に流す．整合変圧器の 2 次側に，可変コンデンサを介して加熱コイルを接続する構成となっている．高周波インバータのスイッチング素子には高速の IGBT が用いられることが多い．

誘導加熱の産業応用としては，鋼管の成型があり，古くは大容量のサイリスタインバータを使用し，数 kHz から 10 kHz 程度までの周波数であった．近年では，IGBT インバータを用いた数 100 kHz のものや，さらに周波数が高く小容量であれば，

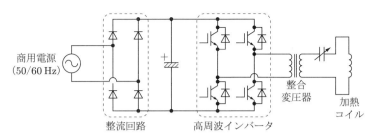

図7.11 誘導加熱用電源装置の構成例

MOSFETインバータを用いた数MHzの周波数のものもある．鋼管は，鋼板をロール成型し，突き合わせた両端部を誘導加熱により接合し，製造される．産業用途としては，パイプ製造ラインに導入されている誘導加熱用電源装置の外観と回路構成の例を，**図7.12**に示しておく．順変換チョッパとインバータにIGBTを用いて大容量に対応している．インバータの周波数は300 kHzで効率の良い誘導加熱を実現している．

 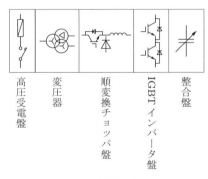

（a）誘導加熱電源装置の外観 　　　　　　（b）回路構成

図7.12 300 kHz IGBT インバータを用いた誘導加熱電源装置
[資料提供：株式会社明電舎]

7.1.4 無停電電源装置

　高度に発展したコンピュータシステムを基礎として，インターネットなどの通信網が世界規模でつながり広がっている現代の高度情報化社会では，24時間途切れることなくさまざまなシステムが稼働している．放送関連，航空機管制や鉄道システムを含む交通インフラや生産設備には，コンピュータによる自動制御運転が行われているものがある．これらのシステムが停電によってダウンした場合，深刻な社会的混乱や経済損失をもたらす．そのため，無停電電源装置を導入して常時電力供給を行うシステムが使用されている．

　無停電電源装置のことを UPS (uninterruptible power supply) という．似たような装置として**定電圧定周波数電源** (CVCF: constant voltage constant frequency) があるが，これは UPS から蓄電池を除いた電源装置といえる．

　無停電電源装置は，おもに商用電源から電力を受ける装置，電力を蓄積する装置，そしてこのいずれかから一定規格の電力（一般には，商用電源と同様のもの）を供給する装置で構成される．接続している商用電源が停電になったときは，蓄電池に蓄積していた電力を供給し，瞬時電圧低下や停電が機器に対して起こらないようにしている．対応できる停電時間は，蓄電池の容量にもよるが数分〜数 10 分程度である．無停電電源装置が稼働している間に別途，非常用発電機などを起動して自家発電し，対応することが多い．非常用発電機などがない場合は，無停電電源装置から電力の供給が続いている間に，コンピュータなどの機器を正常にシャットダウンさせる必要がある．

　UPS の装置構成としてはいくつか種類があるが，おもなものとしては**常時インバータ給電方式**と**常時商用給電方式**がある．**図 7.13** に示すのは常時インバータ給電方式の基本構成である．交流入力を整流器で直流変換して，蓄電池の充電とインバータの入力側へ直流電力を供給する．整流器には容量や機能に応じて，ダイオードブリッジやサイリスタブリッジを使用する．通常使用時と停電時のいずれも，交流出力は常にインバータの出力側から行われている．

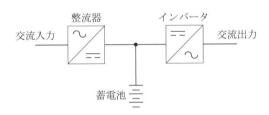

図 7.13　常時インバータ給電方式の基本構成

　常時インバータ給電方式で代表的な 3 種類の方式を**図 7.14** に示す．図 7.14 (a) のフロート方式は，構成がシンプルで，サイリスタ整流器は充電器の役割も担い，小容量から大容量まで幅広く適用されている．図 7.14 (b) の直流スイッチ方式は，通常使用時はダイオード整流器を用い，高力率で効率良く運転でき，経済的である．専用充電器で蓄電池を充電し，停電時には直流スイッチを導通させ蓄電池から電力を供給する．図 7.14 (c) の双方向チョッパ方式は，昇降圧可能な双方向チョッパを用いており，充電時には降圧チョッパとして蓄電池を低電圧で充電し，停電時には昇圧チョッパとして蓄電池の電力を昇圧して供給する．蓄電池の定格電圧を低くできるため，初

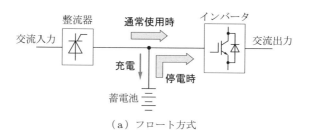

（a）フロート方式

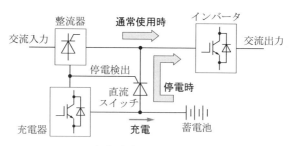

（b）直流スイッチ方式

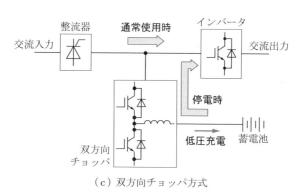

（c）双方向チョッパ方式

図 7.14 常時インバータ給電方式の代表例

期コストを低減できる.

　常時商用給電方式のほかに，通常使用時にインバータを介さずに商用電源からの電力を利用する方式として，**ラインインタラクティブ方式**がある．常時商用給電方式とラインインタラクティブ方式は，通常使用時は交流電力をスイッチを介してそのまま利用し，停電時に UPS からの電力供給を行う方式である．**図 7.15** に常時商用給電方式，**図 7.16** にラインインタラクティブ方式の基本構成を示す．常時商用給電方式では，通常時はスイッチを介してそのまま負荷に給電し，停電時はスイッチでインバータ側に切り換えて蓄電池からの電力を交流に変換して供給する仕組みとなっている．一方，ラインインタラクティブ方式は，通常時は交流電力を AC スイッチを介して

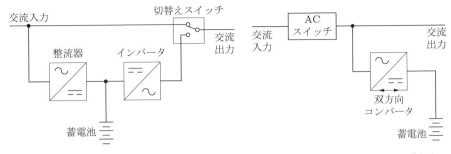

図 7.15　常時商用給電方式　　　　図 7.16　ラインインタラクティブ方式

そのまま負荷に供給していて，停電時には交流入力側を AC スイッチで切り離して，蓄電池の電力を双方向コンバータを用いて交流変換して負荷に供給する．この双方向コンバータは蓄電池の充電装置としてのはたらきも担う．常時商用給電方式とラインインタラクティブ方式の両方式とも，通常給電時には商用電源から電力供給されるため，常時インバータ給電方式に比べて商用電力事情の安定したところでは効率が良い．しかし，商用電源の電源事情や品質が悪いところでは，蓄電池からの電力供給に切り換える頻度が高くなるという欠点がある．

　UPS は，小規模オフィスや個人用 PC での使用を想定したテーブルトップサイズの数 100 VA の小容量から，工場や大規模システムに対応する MVA クラスの大容量のものまでさまざまなタイプのものが製品化されている．放送設備など用途によっては非常に高い電力供給の信頼性が要求される．UPS の信頼性を向上するための方法としては，UPS 自体のバックアップをとる予備電源切換方式や冗長方式などがある．そして，冗長方式には**並列冗長方式**と**待機冗長方式**がある．さらに信頼性を高めるために，入力側に異なる母線を複数用いる**複数母線方式**がある．

　図 7.17 に，小型 UPS と大型の UPS の外観を示す．図 7.17 (a) の小型 UPS は常時商用給電方式単相 100 V の入出力電圧で，容量は 500 VA テーブルトップのサイズである．図 7.17 (b) は，放送設備やデータセンターなどで使用される高い信頼性が要求される冗長方式の大型 UPS である．入力は三相 200 V で，出力は三相 400 V まで対応しており，容量は 500 kVA と大容量である．

（a）小型 UPS
[資料提供：オムロン ソーシアル
ソリューションズ株式会社]

（b）大型 UPS
[資料提供：株式会社明電舎]

図 7.17　大・小 UPS の外観

7.2　動力・輸送システム

　半導体スイッチングデバイスの進展でオン／オフを高速で制御できるようになり，**電動機**（モータ）の可変速制御が自在に行えるようになった．それは，FA(factory automation) システム，電鉄，電気自動車，エレベータの駆動制御を飛躍的に向上させた．資源エネルギー庁から出されている国内機器別電力需要の統計によると，**図 7.18** のように，モータは 57% と最も多い．さまざまな分野で電動化が進み，動力源としてのモータが活躍していることを裏付けるデータである．本節では，モータ制御を基礎としたこれら可変速駆動への応用について述べる．

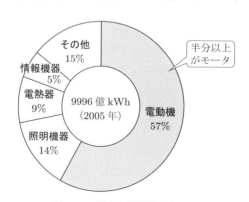

図 7.18　国内の機器別電力需要

7.2.1 モータ制御

可変速駆動を行うのはモータである．モータはさまざまなモータがあるが，大別すると，直流モータ（DC モータ）と交流モータ（AC モータ）に分類できる．代表的なモータはつぎのとおりである．

- ・ 直流モータ［DC モータ］
- ・ 誘導モータ (induction motor)［AC モータ］
- ・ 同期モータ (synchronous motor)［AC モータ］
- ・ 永久磁石式同期モータ (permanent magnet synchronous motor)［AC モータ］

[1] 直流モータ（DC motor）

近年インバータ技術の進歩で，大容量の方面では誘導モータがよく用いられるようになっている．しかし，直流モータは，制御するのが簡単でシンプルなので，小型の鉄道車両，扇風機，電動歯ブラシやおもちゃなどの小型モータとして，経済的で人気がある．

図 7.19 に直流モータの動作原理を示す．N 極と S 極で発生した外部磁界の中にあるコイルに，整流子を介して直流電源を接続して矢印の方向に電流を流すと，フレミングの左手の法則に従い，S 極に近い側のコイルは上側，N 極に近い側のコイルは下側に力を受け，回転する．回転するコイルを電機子（回転子）という．外部磁界をつくる磁石（固定子）には，電磁石式と永久磁石式がある．電磁石の巻き線には，**図**

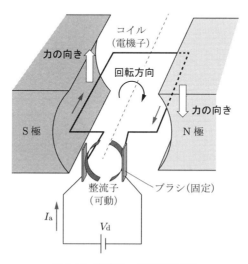

図 7.19 直流モータの動作原理

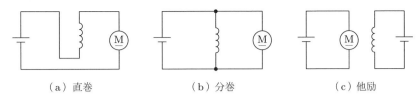

（a）直巻　　　　　　　（b）分巻　　　　　　（c）他励

図7.20　直流モータの結線方式

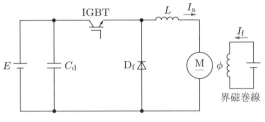

図7.21　直流モータの駆動回路

7.20 に示すように，(a) 直巻き，(b) 分巻，(c) 他励の方式がある．

　直流モータの駆動制御としては，図7.21 に示す直流チョッパによる方式がある．この方式は，1 個のスイッチング素子 (IGBT) とフリーホイーリングダイオード (D_f)で構成できるので，簡便な方法である．

　直流モータのトルク T は，電機子電流を I_a，界磁電流 I_f による発生磁束を ϕ とすれば，

$$T = k\phi I_a \tag{7.1}$$

となる．ここで，k は定数である．IGBT のオンの割合であるデューティファクタ（通流率）を変化させて平均電圧を制御することは，結果として I_a を制御することになる．よって，ϕ が一定であれば，モータのトルク T は容易に制御できる．モータの出力 Pは，回転速度を ω とすると，

$$P = \omega T = \omega k \phi I_a \tag{7.2}$$

となる．

　トルク制御の例として，図7.22 に，PI 制御 (proportional-integral controller) を用いたトルク一定制御のブロック図を示す．実際の電機子電流 I_a を計測し，フィードバックループに PI 制御回路を用い，指令値 $I_a{}^*$ と測定値 I_a が一致するようにして，トルク制御する．

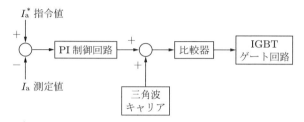

図 7.22 直流モータのトルク制御

[2] 交流モータ（AC motor）

　交流モータの代表格は，**誘導モータ**(induction motor) と**永久磁石式同期モータ**(permanent magnet synchronous motor) で，モータの中では最も広く利用されている．誘導モータの基本原理は，アラゴの円板の回転原理によることはよく知られている．**図 7.23** に誘導モータの動作原理を示す．図 7.23 (b) は図 7.23 (a) のモータを左側回転軸正面から見たものである．この図 7.23 (b) を用いて説明しよう．

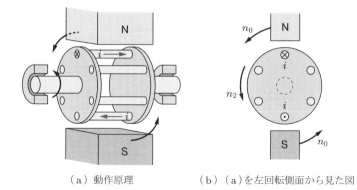

（a）動作原理　　（b）（a）を左回転側面から見た図

図 7.23 誘導モータの動作原理

　かご形のコイルの外側（上下）に磁石を設け，この磁石を反時計回りに一定の速度 n_0 [s^{-1}] で回転させる．これにより**回転磁界**を発生させ，かご形のコイルは相対的に時計回りに回転しているとみなせる．フレミングの右手の法則によるとこのコイルに誘導起電力が発生し，かご形コイルの矢印の方向に電流が流れる．そこで，フレミングの左手の法則を適用すると，磁極の回転方向と同じ方向にトルクが発生して回転する．コイルがトルクを発生するためには，磁界を横切る必要がある．そのため，磁界とコイルの間には相対的な速度差が必要となる．コイルの回転速度を n_2 とすると，コイルは磁界中を相対速度 $(n_0 - n_2)$ で回転し，起電力を生じることができる．ここで，回転磁界の速度 n_0 を**同期速度**という．また，同期速度と相対速度の比 s を**すべり**と

いい，次式のように表すことができる．

$$s = \frac{n_0 - n_2}{n_0} \tag{7.3}$$

通常すべりは%で表現することが多く，定格負荷運転時で$3 \sim 8\%$である．

　図 7.24 に回転磁界の概念を，図 7.25 に交番磁界の概念を示す．図 7.24 において，永久磁石を角速度ωでθの方向に移動させると，磁界もそれに伴い移動する．この磁界を**回転磁界**または**進行磁界**という．この磁界は静止点から見ると，進行している．永久磁石による磁束が正弦波分布であるとするならば，時刻tでの位置θの磁束密度は$B_\mathrm{m} \sin (\theta - \omega t)$となる．図 7.25 の交番磁界は，固定された鉄心を交流電流で励磁している場合である．交番磁界は，時間とともに振幅が変化する．時刻tにおける位置θの磁束密度は$B_\mathrm{m} \cos \omega t \sin \theta$となる．

　誘導モータの可変速制御としては，さまざまな方式が用いられている．しかし，周波数は回転数に比例するため，V/fは一定で制御される．交流モータを制御するには可変電圧可変周波数制御が必要となるため，VVVF (variable voltage & variable frequency) 制御可能な PWM インバータが用いられる．

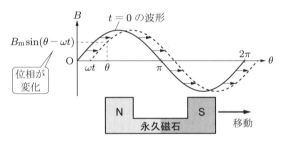

図 7.24　回転磁界の概念

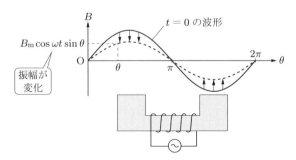

図 7.25　交番磁界の概念

　高速の可変速駆動制御が要求される場合，とくにトルクの高速制御が不可欠で，磁束 ϕ と電流を制御することが要求される．**図7.26** にインバータによる誘導モータの高速トルク制御を示す．これは，**ベクトル制御**（vector control または field oriented control）とよばれる技術であり，高速で複雑な演算処理が必要となるため，マイクロプロセッサの高速処理能力が不可欠である．誘導モータの主回路は，三相交流をダイオードによる全波整流で直流変換して，IGBT インバータで三相出力して誘導モータを駆動するもので，一般的な誘導モータ駆動回路と変わりないが，誘導モータのトルクを高速で制御するための工夫がなされている．直流モータでの説明と同様に，磁束 ϕ とトルクに比例する電流成分 I を直交するように，電流ベクトルを高速制御している．高速制御を行うために，直流量である指令値 ϕ^* と I^* を交流（回転座標）変換し，さらに二相 - 三相変換して，ヒステリシスコンパレータで電流検出値と比較してゲート出力制御を行っている．

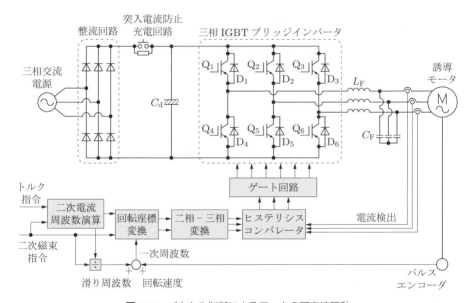

図 7.26　ベクトル制御によるモータの可変速駆動

7.2.2　鉄道車両

　日本国内の電車には，明治時代の導入時から直流直巻電動機を用いた車両が用いられてきた．これは抵抗制御方式で，熱損失が大きかった．半導体パワーデバイスの進展により，1970 年頃からインバータ制御による誘導モータによる可変速駆動へ移行していく．図 7.27 に，我が国の鉄道車両におけるパワーデバイスと駆動制御システムの変遷を示す．パワーデバイスは，1970 年代にサイリスタ，1980 年代から GTO サイリスタ，さらに 1990 年代からは IGBT や IPM が登場し，近年の低炭素化社会への取り組みの機運から，2015 年頃から SiC-MOSFET を用いた省エネ車両が実用化されて，現在に至っている．パワーデバイスの進展に伴う高度な駆動制御システムが可能となり，車両コンセプトは無接点化による保守のしやすさ，高信頼性，低騒音化や快適性の向上につながっているのがわかる．駆動制御は，チョッパ制御から VVVF インバータの登場となっている．可変電圧可変周波数制御の VVVF インバータを搭載した電車としては，1982 年に熊本市電が日本初の営業運転を行った．図 7.28 はその熊本市交通局の VVVF インバータ搭載電車である．

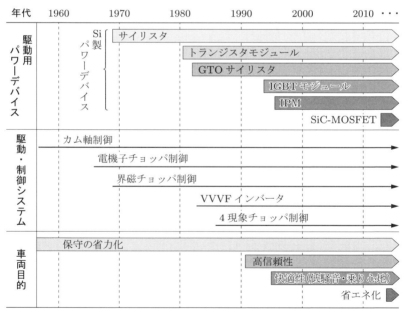

図 7.27　日本の鉄道車両におけるパワーデバイスと駆動制御システムの変遷
　　　　［参考：『鉄道車両と技術 1997 年 12 月号』（レールアンドテック出版）の
　　　　「VVVF インバータ制御電車概論 -1-」（飯田・加我）および電気学会論文誌
　　　　J.IEE Japan, Vol.121, No.7］

図 7.28 日本初の VVVF インバータ搭載電車
[資料提供：熊本市交通局]

国内の電気鉄道において，在来線や地下鉄では，**直流饋電**（きでん）方式の電車が
いまも多く営業運転している．**図 7.29** に，国内の直流饋電方式電車の駆動システム
の概略を示す．高圧送電線からの電力を変電所で受電し，DC 1500 V に変換してい
る（海外では DC 3000 V が主流）．DC 1500 V をトロリー線から電車のパンタグラ
フで集電し，直流チョッパで電力制御して，車両床下に設置されている直流直巻モー
タに供給し，車輪を駆動している．電流は直流直巻きモータを流れ，レールを経由し
て直流変電所に戻る，帰回路ループとなっている．

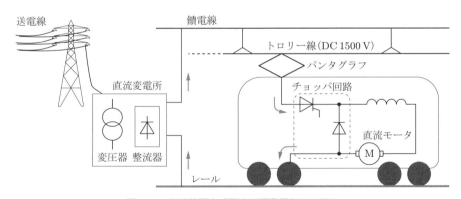

図 7.29 直流饋電方式電車の駆動電気システム

一方，長距離を高速走行する新幹線などには，交流饋電方式が採用されている．**図
7.30** に交流饋電方式の概略を示す．トロリー線には，単相 25 kV の電力が供給され
ており，集電した交流電力は変圧器 T で電圧変換し，コンバータで直流に変換する．
変電所が不要であるが，高電圧によるコロナ放電ノイズが発生する．このトランスの
種類により，単巻き変圧器を用いて饋電電圧を半分に降圧する **AT 饋電方式**と，巻き
数比 1:1 で逆極性の吸い上げ変圧器を用いる **BT 饋電方式**がある．近年，新幹線では，

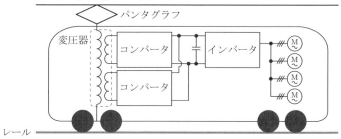

図7.30 交流饋電方式概略

AT饋電方式に替わっている．コンバータで直流変換後，インバータにより誘導モータを制御し，動力源としている．このように，主変換装置はコンバータ・インバータ方式となり，これらコンバータとインバータはPWM制御方式となっていて，スイッチングによる電磁音の低減に工夫をしている．インバータのスイッチングパワーデバイスには，IGBTが用いられる．回路がシンプルな2レベルインバータやVVVFインバータが用いられていて，複数の誘導モータを回転制御している．コンバータやインバータの技術進展によって，車載変圧器の損失や磁気騒音の低減，また，電源側高調波の抑制や省エネ化の向上が図られている．

そのほかの鉄道車両として，**リニアモータカー**がある．車体の支持方式としては，磁気浮上式，空気浮上式，鉄輪式があり，さらに磁気浮上式には超電導磁気浮上式，常電導磁気浮上式の2種類がある．推進方式は車上と地上のそれぞれにリニア同期モータとリニア誘導モータがある．**図7.31**に，超電導を用いたリニアモータカーの磁気浮上と推進の原理を示す．車体の浮上には，図7.31 (a)に示すように配置された車内超電導コイルが作る電磁石と地上側の浮上・案内コイルが作る電磁石の吸引力と反発力を利用する．一方，推進には，図7.31 (b)に示すように配置された車内超電導コ

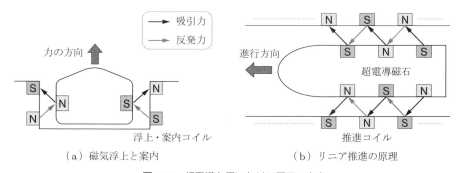

（a）磁気浮上と案内　　　　　　　（b）リニア推進の原理

図7.31 超電導を用いたリニアモータカー

イルが作る電磁石と地上側の推進コイルが作る電磁石の吸引力と反発力を利用する.

　国内での開発は，1977 年に宮崎実験線がスタートし，1997 年には山梨リニア実験線で実用化に向けた本格的な走行試験が開始された．高速推進のリニアモータカーには，同期モータを直線上にしたリニア同期モータが採用されている．車体には超電導磁石を搭載し，浮上と案内を兼用する磁界を発生させている．地上の推進コイルは電機子巻線に相当し，推進速度に同期した交番磁界を発生させる.

7.2.3　電気自動車

　電気自動車 (EV: electric vehicle) は 1873 年に登場した．これは，1880 年代に開発されたガソリンエンジン自動車より前のことである．しかし，当時の電気自動車は蓄電池の容量の限界があったため，自動車としての主役の座はエンジン自動車に移っていった歴史がある．近年，化石燃料の枯渇と，二酸化炭素に代表される地球温暖化ガスや大気環境汚染ガスの問題により，電気自動車の開発が盛んに進められている．電気自動車には，蓄電池を電力源とするもの，燃料電池を用いるもの，エンジンとモータを用いるハイブリッドなものなど，さまざまな方式がある.

[1]　電気自動車の基本構成

　図 7.32 は電気自動車の基本構成である．大きく分けて車載エネルギー源とパワートレーンがある．車載エネルギー源は，電池と車載充電器と駆動用電池モジュールからなる．近年，電気自動車の普及が急速に進んできており，街中駐車場や商業施設などの至るところに EV 用充電スタンドが見られるようになってきた．充電スタンドの外部電源は交流で，三相または単相 200 V が一般的である．車載充電器で各車所定

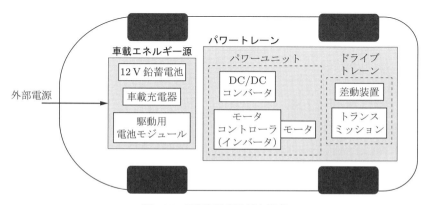

図 7.32　電気自動車の基本構成

の直流電圧（DC 300 V 以上が多い）に変換して充電をおこなう．駆動用電池モジュールには，電力密度の大きなリチウムイオン電池が一般的に用いられる．

　パワートレーンには，モータの動力を発生するためのパワーユニットと，走行・操舵を制御するドライブトレーンがある．パワーユニットは，昇圧コンバータ，モータ，そのモータをコントロールするインバータ（モータコントローラ）からなる．ドライブトレーンは，トランスミッションと差動装置からなる．**図 7.33** に，電気自動車用パワートレーンの核となる，車載インバータと走行用 **PM モータ**の一例を示す．車載インバータユニットは DC 330 V に対応し，水冷式可変周波数制御が可能である．走行用の PM モータは定格 47 kW の出力，180 N·m ，8500 rpm である．

（a）車載インバータ　　　　　　　　（b）走行用 PM モータ

図 7.33　電気自動車のパワートレーン

[資料提供：株式会社明電舎]

[2] 電気自動車の例：EV バス

　図 7.34 は，熊本大学が産学協同で開発した EV バスである．既存のディーゼルエンジン車の車体を利用し，24 個のバッテリーモジュールを分散配置するなどスペースの利用を工夫し，低床フロア大型バスに対応した完全電動化を行っている．車両

 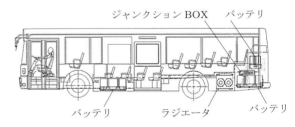

（a）EV バス外観　　　　　　　　（b）EV バスの内部構成

図 7.34　EV バス

[資料提供：熊本大学松田俊郎研究室，
出典：自動車技術会論文集 50 巻 5 号 (2019)]

重量は 14735 kg（積載時），定員は 61 名であり，パワートレーンには IGBT イン
バータと同期モータを採用している．モータの最大出力は 190 kW，最大トルクは
1100 N·m である．バッテリー容量は 90 kWh（30 kWh モジュール × 3）である．

[3] ハイブリッド電気自動車

　電気自動車の課題は，蓄電池（バッテリー）の容量不足と充電時間である．そのた
め，航続距離がガソリン車より短くなる．その欠点を補う実用的な電気自動車として
登場したのが，エンジンとモータの両方を搭載した**ハイブリッド電気自動車** (HEV:
hybrid electric vehicle) である．HEV には，シリーズハイブリッド方式とパラレル
ハイブリッド方式がある．シリーズハイブリッド方式では，エンジンは発電機を効率
の良い条件で駆動して電力を得るのに使用し，インバータにより蓄電池を充電し，そ
の電力でモータを駆動して動力源とする．そのため，エンジン容量は小さくてよい．
一方，パラレルハイブリッド方式では，エンジンとモータの両方を動力源としている．
エンジンはとくに走り出しに燃費が悪いので，モータでアシストして燃費の向上を図
っている．

　さらに，両方式の良さを取り込んだシリーズ・パラレルハイブリッド方式がある．
図 7.35 に，シリーズ・パラレルハイブリッド電気自動車のシステム構成例を示す．
バッテリーは 200 V で，昇降圧電力変換可能な双方向 DC/DC コンバータに接続さ
れている．二つのインバータをもち，インバータ 1 は発電機に接続されていて，もう
一方のインバータ 2 はモータに接続されている．エンジン，発電機，モータは，遊星
変速機を介して駆動車輪に連結している．エンジンは動力源と発電機駆動の両方に活
用される．インバータ 1 は発電と回生のときにバッテリー充電を行い，インバータ 2

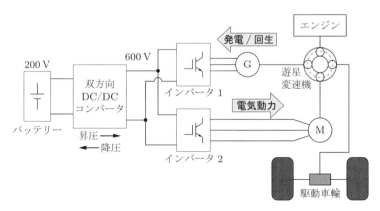

図 7.35　シリーズ・パラレルハイブリッド電気自動車のシステム構成

はモータ駆動のために稼働する．このように複雑な構成となっているが，細かな制御でこの複雑なシステムを効率良く稼働させ，低燃費で航続距離の長いハイブリッド電気自動車を実現している．

7.2.4 エレベータ

1889年に電動式の昇降機 (elevator) が開発されて，電気の普及が進展していくにつれ，電動式エレベータが主流となってきた．エレベータには，1970年頃からギヤレス直流モータや誘導モータが用いられていたが，1980年代に技術が急速に進展したマイクロプロセッサと VVVF インバータが用いられるようになり，エレベータの性能が飛躍的に向上した．また，回転機にギヤレス PM 同期モータが利用され省電力化が進んでいる．一般的なロープ式エレベータは，高層のビルなどに用いられる 120 m/min 以上の定格速度のものを高速エレベータとよび，105 m/min 以下のものを低速エレベータとよび，分類している．図 7.36 に，高速と低速の両エレベータにおけるパワーエレクトロニクス技術の変遷を示しておく．

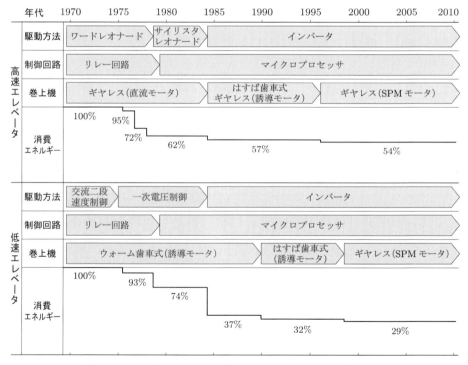

図 7.36 エレベータにおけるパワーエレクトロニクス技術の変遷
[出典：電気設備学会誌 2006 年 26 巻 6 号，p.390]

　高層建築物が多く建設されて以降，高速エレベータの需要も増えてきた．最近の
エレベータは，高速運転にもかかわらず，高度な運転制御で移動していることを感
じさせないスムーズな乗り心地を実現している．図 7.37 に高速エレベータの駆動シ
ステムを示す．三相交流を IGBT 高力率コンバータで直流変換した後，IGBT イン
バータで同期 PM モータ（SPM モータ）を制御している．三相交流を直流に変換す
る IGBT コンバータは，正弦波 PWM 制御を採用し，出力電圧を帰還信号とするフ
ィードバック制御と入力電流を帰還信号とする電流マイナールプによって，出力の
直流電圧を一定値に制御する．また，フィルタリングされた三相交流電源電圧の位相
を検出して入力電流の力率を制御し，回生運転時に巻上機より発生する回生電力を交
流電源側に戻す．釣合いおもりの重量は，かごに最大定格加重の 50% の負荷を載せ
たときの重量とし，かご内に最大定格重量が載った場合においてもエレベータ上昇時
には，定格重量の 50% を持ち上げるだけの出力で済む．また，エレベータ下降時に
おいては，かごの重量と釣合いおもりの重量の差分の重量に相当するエネルギーが巻
上機側に戻ってくるため，PM モータは発電機としてはたらくことになる．同期 PM
モータは誘導モータに比べ消費電力が少なく，また，励磁のための無駄時間がない．

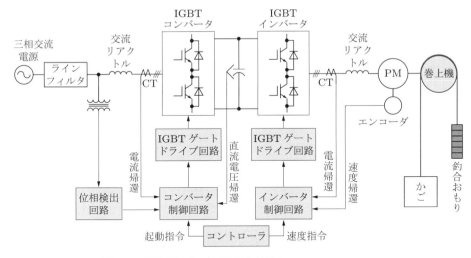

図 7.37 高速エレベータの駆動システム
[出典：電気設備学会誌 2006 年 26 巻 6 号，p.392]

　エレベータの内部構造の概略，および，高速エレベータ用の同期 PM モータ（SPM
モータ）とその駆動用インバータの例を，図 7.38 に示す．図 7.38 (a) にあるよう
に，巻上機とモータは一体化している．近年では，機械室などの省スペース化のため
に，駆動装置は小型化・薄型化されている．図 7.38 (b) は，薄型設計された高トル

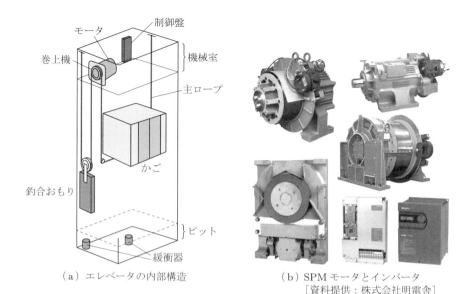

（a）エレベータの内部構造

（b）SPM モータとインバータ

［資料提供：株式会社明電舎］

図7.38　高速エレベータの構造および駆動装置

ク SPM モータを含む各種 PM モータと薄型インバータである．

7.3　家電・民生機器

　我々の日常生活においても，パワーエレクトロニクス技術を用いた機器が数多く存在する．家電製品は最も身近なパワーエレクトロニクス機器といえるほど，その技術が浸透している機器である．調理機器から空調機器，照明，冷蔵庫，洗濯機などなど，数えるときりがないほどである．しかし，電力エネルギーから変換されるエネルギー形態としては，

① 力学的エネルギー

② 熱エネルギー

③ 光

の三つに分類できる．力学的エネルギーを用いたおもな機器はモータである．熱エネルギー用いた機器には抵抗加熱するヒータや誘導コイル，光を用いた機器には放電ランプや発光ダイオード (LED) がある．これらの機器は，マイコンなどのプロセッサを用いて，使いやすくするように制御される．

7.3.1 空調機器

　居住空間の空気の温度調節などを行う空調機器としては，古くは冷房専用機，暖房専用機が多かったが，現在では冷暖房を1台でまかなえる**エアーコンディショナ**（エアコン）が主流となっている．家庭用のルームエアコンとしては非常に多くの製品があり，いまやほとんどの家庭にあって，読者の皆さんにも身近なものであろう．エアコンのこれほどまでの発達や普及は熱交換器の発達のおかげである．エアコンの熱交換器は，ヒートポンプ式として，蒸発器と凝縮器を兼ね備えて，熱を暖房時には室外から室内へ，冷房時には室内から室外へ移動させることで，室内の温度調節を行っている．

　図7.39に，家庭用ルームエアコンの基本的なシステム構成を示す．電源には，家庭用のコンセントからの100 V交流電源が，電力容量の大きな機器には200 Vが使用される．交流を整流回路で直流変換後，インバータにより所定の交流に変換し，コンプレッサ（圧縮機）のモータを駆動する．インバータは，マイクロプロセッサを用いてPWM制御されている．モータは，コンプレッサを動作させて，冷媒を圧縮する．このモータ式コンプレッサをフルブリッジのIGBTインバータ制御することで，省エネ化が図られている．モータには，近年，静音性のあるブラシレスDCモータが使用されるようになっている．モータに接続されているアキュームレータとは，蓄圧器のことで，圧縮された流体（熱交換の作動流体）を蓄えることができる．冷房の場合は，冷えた冷媒を室内機に送ることで，室内の温度を下げるようにしている．室

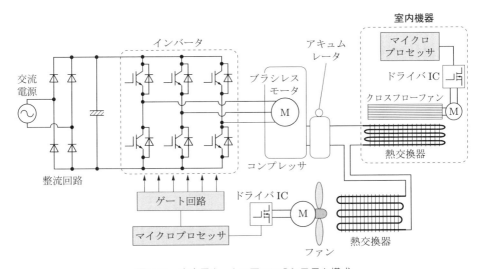

図7.39 家庭用ルームエアコンのシステム構成

外機，室内機ともに，熱交換を行う空気を熱交換器に送るためのファンをモータ駆動
しており，これらモータ駆動にはドライバ IC などが利用されている．一般に，室外
機にはプロペラ型のファン，室内機にはシロッコファンやクロスフローファンが用い
られる．このような空調製品の室外機と室内機の制御に専用マイコンが利用され，温
度や気流の調節など細かな制御が行われており，製造各社の特徴が現れている．

7.3.2　調理機器

　電化の進んだ家庭の調理機器には，代表格として電子レンジと IH クッキングヒー
タがあり，ほかにも，IH 炊飯器，湯沸かし専用の給湯ポット，ホットプレートやト
ースターなど，さまざまな機器がある．

[1]　電子レンジ

　国内で電子レンジとよばれる調理機器は，海外（英語）では microwave oven とい
う．マイクロ波加熱をするという意味では，マイクロウェーブオーブンのほうが調理
原理を直接的に指しているといえる．要するに，電子レンジとは，マイクロ波領域の
電磁波を用いて水分を含んだ食品を加熱調理する機器である．マグネトロンとよばれ
る共振器で，2.45 GHz のマイクロ波を発生させる．2.45 GHz の周波数はほかの工業
利用マイクロ波帯との干渉がなく，水分子が振動する共振周波数帯と重なるため，効
率良く加熱ができる．

　図 7.40 に，電子レンジのマイクロ波発生部の電気回路を示す．交流の商用電力を
ダイオードブリッジで直流変換して，インバータを用いて高周波の交流に変換してい
る．インバータには，小容量の場合は1石タイプのものが用いられ，容量が大きくな
るとハーフブリッジやフルブリッジの単相インバータが用いられる．インバータの出
力は高周波変圧器に接続している．2次側の出力は，マグネトロンのカソード側に加

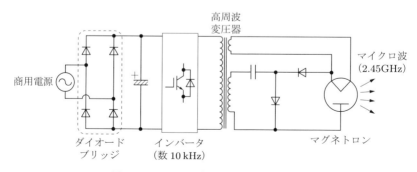

図 7.40　電子レンジのマイクロ波発生回路

熱用の出力とダイオード整流された高電圧を印加する．マグネトロンのカソードを加熱することで，カソードから熱電子が放出され，電子はアノードに向かって加速し，アノード側にある空洞共振器で発振させて，2.45 GHz のマイクロ波を発生させる．このとき，マグネトロンには数 kV の電圧が印加される．電子レンジの出力調整は，アノード電流により制御することができる．最近では，電子レンジに加熱式のオーブン機能やスチーム機能をもたせたものが市販されている．

[2] IH クッキングヒータ

IH は**誘導加熱** (induction heating) のことで，7.1.3 項の高周波電源で述べた加熱原理と基本的には同じである．電化の急速な進展で，ガス調理器から電気を使う調理器に家庭での普及が進んでいる．ここでは，誘導加熱の加熱対象が鍋やフライパンとなる調理機器としての利用について述べる．

図 7.41 に，IH クッキングヒータの高周波回路と加熱原理を示す．高周波電流を出力するために，商用電源からダイオードブリッジを用いて交流 - 直流変換し，高周波の共振インバータで高周波電流を出力する．うず巻き状の加熱コイルに高周波電流を流すことで磁束を発生し，その磁束を打ち消す方向に磁界が発生するため，絶縁プレートの上にある鍋底に**渦電流**が流れ，この高周波の渦電流で抵抗加熱する．図 7.41 (b) はその加熱原理を図式的に示したものである．

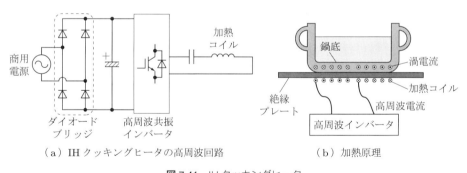

（a）IH クッキングヒータの高周波回路 　　　（b）加熱原理

図 7.41　IH クッキングヒータ

渦電流による発熱に要する電力 P は

$$P \propto \sqrt{\rho \mu f}\,(NI)^2 \tag{7.4}$$

となる．ここで，ρ は金属鍋の抵抗率，μ は透磁率，f は周波数，N はコイルの巻き数，I はコイル電流である．渦電流が流れる金属の抵抗値 R は

$$R \propto \sqrt{f} \tag{7.5}$$

となる.

表皮効果 (skin effect) による**表皮深さ** (skin depth) d は,

$$d = \sqrt{\frac{2\rho}{\omega\mu}} = \sqrt{\frac{\rho}{\pi f \mu}} \tag{7.6}$$

と表すことができ，これから加熱コイルの適切な厚さが決まる．加熱コイルには，絶縁被覆された極細の銅線を多数束ねたリッツ線が使用されている．誘導加熱が一般家庭用の調理機器として利用されたのは 1970 年代半ばからで，当時はアルミ製鍋が使用できなかった．鉄鍋とアルミ鍋では，ρ と μ はともに異なり，鉄鍋は比較的低い周波数（15 kHz 程度）でも大きな抵抗値になるが，アルミ鍋ではそれらの値がともに小さく，高い周波数にしないと抵抗値が大きくできなかったのである．スイッチングデバイスの高周波化が進み，60 kHz 以上の高周波領域ではアルミ鍋も実用上加熱可能となり，現在に至っている．スイッチング周波数を高くすると，渦電流による抵抗加熱には有効であるが，スイッチングデバイスのスイッチング損失が増加する．そのため，IH クッキングヒータの周波数は 20 kHz 〜 100 kHz となっている.

7.3.3 照明

照明機器の発光デバイスの種類としては，白熱灯，蛍光灯，**発光ダイオード** (LED: light emitting diode) などがあり，これらは多くの家庭用照明機器に利用されている．古くから白熱灯や蛍光灯は照明に利用されてきたが，それまで困難とされてきた青色 LED が日本人の研究者（赤﨑勇，天野浩，中村修二）らによって GaN 半導体を用いて発明され，省エネ効果抜群で長寿命の LED に，赤，緑，そして青の光の三原色が揃ったことで，LED の照明機器としての普及が急速に進んでいる．

白熱灯は，フィラメント（抵抗体）に電流を流すことでジュール熱を発生し，その輻射を利用した照明であり，電源は直流，交流どちらでもよいが，発光効率は低い．

蛍光灯は，放電で発生する紫外線を蛍光体に当てて可視光線を得る光源である．一般の照明器具に使用される低気圧水銀の放電を利用している熱陰極管方式と，液晶のバックライトなどに利用される冷陰極管方式がある．本項では，熱陰極管方式について説明する．蛍光灯は，白熱灯に比べると，消費電力を低くできる．高温になった蛍光管のエミッタからの熱電子放出で放電が開始するため，予熱のための始動回路が必要で，安定な点灯になるまでに時間を要する．さらに，安定器の鉄製リアクトルが重くなる．点灯の仕組みには，グロースタータ式とインバータ式がある．グロースター

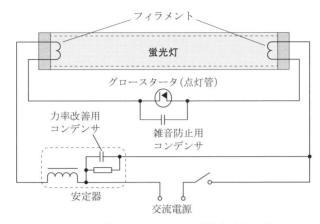

図 7.42 グロースタータによる蛍光灯点灯回路

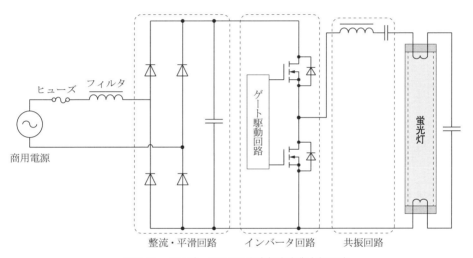

図 7.43 インバータによる蛍光灯安定化点灯回路

タによる蛍光灯点灯回路を**図 7.42** に，インバータによる蛍光灯安定化点灯回路を**図 7.43** に示す．従来多く使用されてきたグロースタータ式は，バイメタル電極による放電を伴う通電で蛍光灯のフィラメントを加熱し，安定な放電を行う．インバータ式の点灯回路では，数 10 kHz の高周波にして，蛍光灯を点灯させる．グロースタータ式に比べると，回路は複雑だが，重たい安定器が不要で，明るく省エネ効果がある．

蛍光灯は省エネ長寿命の照明ではあるが，微量の水銀を含み，廃棄処理には注意が必要である．一方，LED は，照明機器としての性能が省エネ効果と長寿命化という点では，ほかの照明機器を凌駕する．**図 7.44** に LED 照明の点灯回路を示す．交流 - 直流変換後，降圧チョッパを介して直流電力で LED を点灯させている．照度調整は，

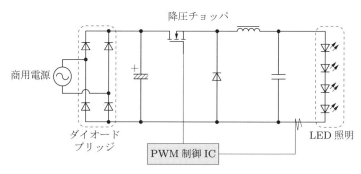

図 7.44 LED 点灯回路概略

LED の電流を降圧チョッパ回路の MOSFET を PWM 制御することで行われる.

7.3.4 冷蔵庫

　各家庭で食品保冷に使用される冷蔵庫は,基本的には,7.3.1 項の空調機器で説明したヒートポンプの原理を利用している.空調機器と同様に室外機と室内機があるが,空調機器とは異なり,密閉空間の室内温度調整になるので,圧縮機(コンプレッサ)を動作させるインバータは常時稼働する必要はない.**図 7.45** に,家庭用冷蔵庫の構成とコンプレッサの駆動回路を示す.冷蔵室,冷凍室と各室内用の冷却器を要して熱交換を行っている.商用交流からの入力側に,ノイズカット用のラインフィルタと Y コンとよばれるノイズ吸収用のコンデンサを挿入している.倍電圧整流により直流変換し,MOSFET を用いた三相 PWM インバータで交流変換して,コンプレッサを駆動している.三方弁の切換で各室の熱交換動作を行っている.さらに,各室のファンモータもインバータ制御することで,省エネ化が図れる.温度センサで各室をモニターして,設定温度になるように温度制御を行っている.

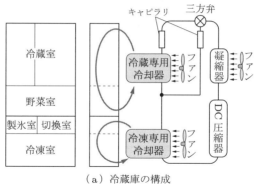

（a）冷蔵庫の構成

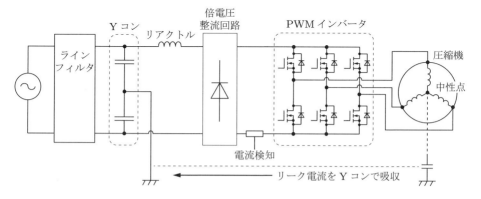

図7.45 家庭用冷蔵庫のシステム構成
[出典：東芝レビュー Vol.55, No.7 (2000)]

7.3.5 洗濯機

　家電製品の中で回転機の利用を最も印象付けているのは，洗濯機ではなかろうか．ほかの家電機器と同様に，洗濯機においてもインバータ技術を用いることで製品性能を飛躍的に向上させている．とくに，洗濯機ではモータ制御が非常に重要なため，インバータ技術の活用は，マイコンの導入とともに，その高機能化によって製品への適用範囲を拡大している．そして，インバータによる可変速制御による省エネルギー，静音化，小型化などに，重要な技術になっている．

　図7.46 に全自動洗濯機のモータ制御システムの概略を示す．近年，洗濯機は，ギヤ／ベルトなどの減速機構を用いず，直接ダイレクトドライブ方式のモータ（DD モータ）とそれを駆動するためのインバータを使用した方式に進化している．モータにはブラシレス DC モータを使用している．図 7.46 において，交流 – 直流変換回路に

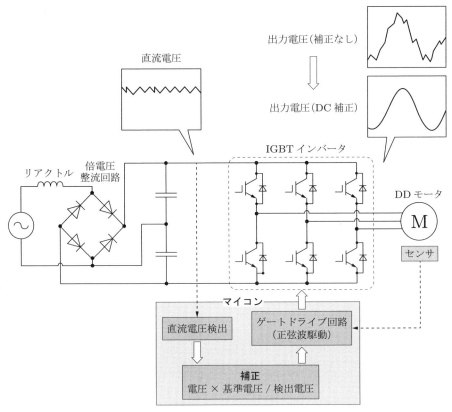

図7.46　全自動洗濯機のモータ制御システム
[出典：東芝レビュー Vol.55, No.7 (2000)]

よって直流電源とし，三相のIGBTインバータで交流変換してモータを駆動している．直流出力電圧の検出装置およびDDモータには位置検出用のセンサを取り付け，その情報を基にマイコンでインバータ制御による正弦波出力を行っている．静音化のためには，出力電圧に歪みのない正弦波が要求され，加えてインバータのスイッチング周波数が重要で，16 kHzで運転制御を行っている．

7.4 電力・エネルギー

　電力エネルギーは，現代社会のインフラに欠くことのできないものである．日本においては，化石燃料である天然のエネルギー資源がほとんどなく，輸入に頼っている現状がある．近年，原子力発電所の事故や脱炭素社会を目指す中で，再生可能エネルギーである太陽光発電や風力発電が注目され，普及してきている．これら発電システムの中でパワーエレクトロニクス技術が活躍している．また，発電した電力の送配電網の電力系統システムでも，パワーエレクロニクス技術が不可欠となっている．

7.4.1　発電システム

　かつては発電といえば，水力，火力，原子力であったが，近年では新しい発電形態として太陽光発電や風力発電なども実用化されている．ここでは，太陽光発電と風力発電の発電システムについて説明する．

[1] 太陽光発電

　化石燃料の枯渇や CO_2 排出による地球温暖化への対策に意識が高まり，太陽光発電の導入が促進された．住宅の屋根に設置する小規模なものから，広大なスペース（土地）を利用したメガソーラーとよばれる大規模なものまで普及してきている．

　おもな太陽光発電では，**太陽電池**（photovoltaic cell または solar cell）とよばれる Si を原材料とした半導体の pn 接合を利用し，発光ダイオードの逆過程により電子を光励起させ，電力を取り出している．図 7.47 に太陽電池の発電原理を，図 7.48 に太陽電池セルの等価回路を示す．図 7.47 に示すように，pn 接合部に光が照射されると，光量子は価電子帯の電子を励起し，電子・正孔対が生成される．負荷を接続すると電界が生じ，電子は n 領域へ，正孔は p 領域に引き寄せられて負荷に電流が流れる．この光照射によって生じる電流 I_L を電流源電流とし，pn 接合のダイオード**逆飽和電流** I_D が流れ，負荷に流れる電流は $I_S = I_L - I_D$ となる（図 7.48）．Si 太陽電池では，1 セルあたりの pn 接合の電圧は 0.6 V 程度なので，多数直列接続することで所定の電圧を得ている．

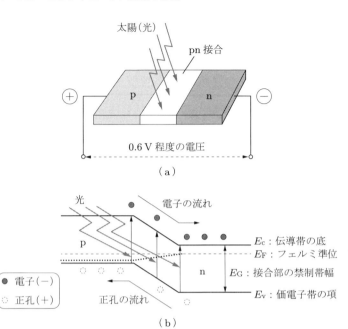

図 7.47 太陽電池の発電原理

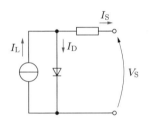

図 7.48 太陽電池セルの等価回路

　Si 太陽電池の構造は，おもに以下の3種類である．

① 単結晶 Si
② 多結晶 Si
③ アモルファス Si

①単結晶 Si は，高純度 Si のウエハを材料とし，上記三つの中では，光‐電気変換効率が高いが，コスト高でもある．②多結晶 Si は，単結晶 Si に比べると光‐電気変換効率は劣るが，コストと性能のバランスが良い．③アモルファス Si は，変換効率ではほかの二つに劣るが，低コストで，薄膜化が可能である．

　太陽電池には，Si 系の材料によるもの以外にも，化合物半導体（InGaAs, GaAs,

CIS など）や有機系（色素増感，薄膜）を材料とするものもある．

　最近では，太陽光発電システムを備えた住宅も増えてきている．**図** 7.49 に，住宅用太陽光発電システム基本構成を示す．光エネルギーを電気エネルギーに変換する太陽電池モジュールを複数個接続して，太陽電池アレーとして所定の電力容量を得る．接続箱には，直流開閉器，逆流防止素子，避雷素子，出力端子台，遮断器が収められている．発電電力は接続箱で集約され，**パワーコンディショナ**の昇圧チョッパで昇圧後，直流を交流に変換するためのインバータと保護装置を介して，商用の系統と連携される．系統連携される途中には，分電盤，電力計や表示機器などがある．商用電力系統に連携することで，太陽光発電による電力が住宅内家電機器の消費電力がより多い場合はその余剰分を電力会社に売電し，逆に，住宅の消費電力が太陽光発電電力より多い場合はその不足分を電力会社から購入するシステムとなっている．

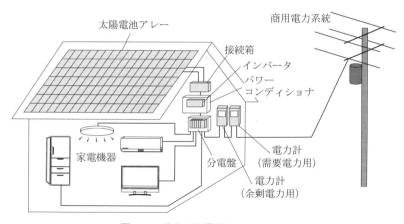

図 7.49　住宅用太陽光発電システム

　住宅用太陽光発電システムの電力変換の主回路構成は，**図** 7.50 のようになっている．太陽光発電では，日照条件によって発電量が変化する．それゆえ，太陽電池で発電できる電力を効率良く取り出すためには，出力が最も大きくなる最適動作点での制御が必要となる．太陽電池アレーでは，約 200 V の直流電圧が得られる．それを昇圧チョッパで 350 V に昇圧し，電圧型 PWM インバータで交流変換してフィルタを介して，単相 200 V で商用の電力系統と接続されている．

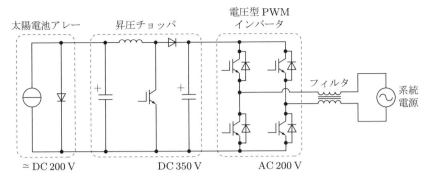

図7.50　住宅用太陽光発電の電力変換回路構成例

[2] 風力発電

　風力発電は，風のもつ風力エネルギーを風車 (wind turbine) によって回転エネルギーに変えて，発電するものである．風車が得ることのできる風の単位時間あたりの運動エネルギーは，次式で表すことができる．

$$P = \frac{1}{2}mV^2 = \frac{1}{2}\rho A V^3 \tag{7.7}$$

ここで，m は単位時間あたりの受風空気質量，ρ は空気密度，A はロータ（受風）面積，そして V は風速である．式 (7.7) より，風力エネルギーは受風面積と風速の 3 乗の積に比例することがわかる．ベッツ (Betz) の理論によると，風力エネルギーを風車の回転エネルギーに変換できる最大効率は約 59% である．現状の風力発電システムでは，風車の効率は 40% 程度である．発電量はロータの直径で決まり，ロータ翼の角度を調整して最適な発電効率となるように制御される．

　表7.1 に風力発電の代表的な方式を示す．方式 1 は，システムがシンプルな固定低速回転翼に，増速機とかご形誘導発電機を用いる増速機方式である．これは風速の影響を受けやすく，電力調整が困難だが，導入コストを低減できる．方式 2 は，同じく増速機方式であるが，巻線形誘導発電機を用いて最適な出力調整ができる．方式 3 も増速機方式であるが，2 次巻線形誘導発電機を用いてインバータ制御を行うことで回転速度は可変で，最適な出力調整ができる．方式 4 は，増速機を用いず，同期発電機にロータを直結させるダイレクトドライブ（ギヤレス）方式である．電圧と出力調整が可能，低風速時でもロータ回転速度を下げて発電効率を最適点に制御できる．複雑な装置構成で導入コストが高い．

表7.1　代表的な風力発電方式

システム構成	特徴
方式1（増速機方式） 増速機　G～　変圧器　電力系統　ロータ	・増速機とかご形誘導発電機をもつ ・構成がシンプルで安価 ・回転速度は一定 ・出力調整は困難 ・低風速時の発電効率が低い ・出力電力は風速変動の影響を受けやすい
方式2（増速機方式） 可変抵抗　増速機　G～　変圧器　電力系統　ロータ	・増速機と巻線形誘導発電機をもつ ・方式1より高価 ・回転速度は一定 ・最適出力調整ができる
方式3（増速機方式） コンバータ　増速機　G～　変圧器　電力系統　ロータ	・増速機と2次巻線形誘導発電機をもつ ・構成が複雑で高価 ・可変速制御で最適出力調整ができる ・コンバータはコンパクト ・速度範囲の制限を受けやすい
方式4（ダイレクトドライブ） SG　コンバータ　変圧器　電力系統　ロータ	・増速機が必要ない（ギヤレス） ・同期発電機を使用し自己励磁 ・電圧および出力調整ができる ・低風速時でも最適化制御ができる ・コンバータが必要 ・メンテナンスの軽減ができる ・発電機構成が複雑で非常に高価

　風力発電では，数kW〜数MWまでの定格電力のシステムが稼働している．風力発電には一定の風速が得られる立地状況が望ましく，近年では洋上発電などもある．**図7.51**は，山間部と洋上での風力発電の様子である．

（a）山間部のウィンドファーム

（b）洋上風力発電［出典：NEDO］

図 7.51　風力発電の立地

7.4.2　電力系統システム

[1] 無効電力制御装置

　電力系統においては，送配電線の誘導成分のリアクタンスにより，遅れ無効電力が流れることで，電圧低下を招く．逆に，進み無効電力が流れると，電圧上昇を招く．電力系統において電圧変動を抑えるために，変電所に**無効電力制御装置** (SVC: static var compensator) を設置して電圧制御を行うことは，電力の品質を維持するうえで重要である．古くから変電所に設置された分路リアクトルの L と電力用コンデンサの C をスイッチ切換により電圧調整を行ってきたが，この方式では即応性に問題があった．しかし，近年のパワーエレクトロニクス技術の進展により，高速に電圧調整ができるようになっている．それには，逆阻止サイリスタどうしを逆並列に接続した交流スイッチが利用されている．

　SVC には，電力用コンデンサを入 / 切する **TSC** (thyristor-switched capacitor) 式と，サイリスタを位相制御してリアクトルの電流を調整する **TCR** (thristor-controlled reactor) 式がある．また，自励式 SVC ともよばれる，多相自励式インバータを用いて補償する **SVG** (static var generator) がある．

　図 7.52 に無効電力制御装置の構成例を示す．図 7.52 (a) の TSC 式 SVC は，サイリスタのオン / オフ制御によって各コンデンサを開閉することで，容量調整する．この方式は，低損失で高調波が発生しない特徴をもつ．図 7.52 (b) の TCR 式 SVC は，コンデンサが固定接続され，リアクトル電流をサイリスタのオン / オフで位相制御することで，無効電力を調整する．この方式は，連続制御可能で高速応答性が特徴である．図 7.52 (c) の SVG は，自励式 SVC で，自励式インバータが系統電圧より低いとき

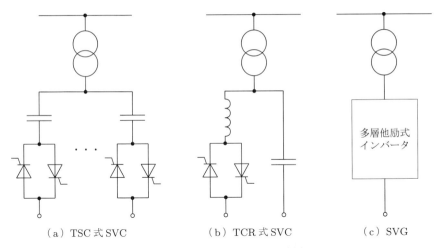

| (a) TSC 式 SVC | (b) TCR 式 SVC | (c) SVG |

図 7.52 無効電力制御装置の構成例

は遅相, 高いときは進相の無効電力を発生する. さらに, 高調波制御も同時に行うことができる. 図 7.52 (b) の TCR 式 SVC より応答が早い. 高調波抑制では, 高周波 PWM インバータを用いて, 逆極性の高調波電流を発生して高調波抑制する**アクティブフィルタ** (active filter) がある. 以上の無効電力補償装置について, **表**7.2 にまとめておく.

表7.2 無効電力補償装置の分類

装置名	無効電力補償方式
SVC	TSC：電力用コンデンサの接続をサイリスタで開閉し, 容量調整する. TCR：リアクトル電流をサイリスタの位相制御で調整する.
SVG	多相自励式インバータによる無効電力の高速制御を行う. 同時に高調波を抑制する.

[2] 直流送電

これまで本項で扱ってきたのは, 交流送配電の場合であった. 他方で**直流送電**があり, ここでもパワーエレクトロニクス技術が活躍している. 直流送電方式は, 送電距離が長い場合に適しているとされ, 架空送電線では数 100 km 以上, 地中送電線では数 10 km 以上で交流送電方式より有利とされている. 直流送電を行うにしても, 発電機からの電力や負荷 (需要) 側での使用電力は結局交流になる. 順変換器と逆変換器が背中合わせになることから, 交流連携装置のことを BTB (back to back) とよぶ.

直流送電の長所をまとめると，つぎのようになる.

①　発電機の位相差角の差による安定度問題は生じない.

②　50 Hz と 60 Hz のような，異周波数系統間の連係に問題が生じない.

③　電力変換装置のゲート制御によって，電力制御が高速に行える.

④　直流なので，有効電力のみ送電できる.

⑤　交流のように正負の電位差がなく，直流だと波高値と等しい直流電圧がかけられるため，絶縁が楽になる.

⑥　送電ケーブルは正負 2 極でよいので，送電設備の利用度が高く，経済的である.

短所としては，送受電両方の電力変換装置が高価なことである.

日本国内においては，この直流送電として，本州 − 四国間（紀伊水道）の直流送電が稼働している. 2800 MW（1 極 1400 MW）であり，世界最大級の直流送電である. ルートの全長は 100 km（架空線 50 km，ケーブル長 50 km）である.

図 7.53 に直流送電の基本構成を示す. この図は，系統 A と系統 B を直流送電で連携する例である. 両系統の AC500 kV をサイリスタバルブで DC500 kV に変換して，直流送電を行う. サイリスタバルブには，8 kV-3500 A の**光トリガサイリスタ**素子が使用されている. **図** 7.54 に，光トリガサイリスタスイッチモジュールと，これを直並列に接続した光トリガサイリスタバルブの例を示す. 1 極の送電と受電の両サイリスタバルブは各 700 MW，直流電圧電流の定格値は 250 kV-2800 A である. 将来増設され，± 500 kV の直流送電となる予定である.

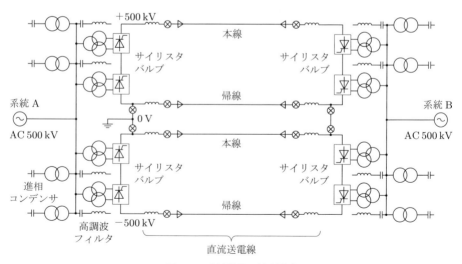

図 7.53　直流送電の基本構成

（a）光トリガサイリスタスイッチモジュール

（b）光トリガサイリスタバルブ

図 7.54　直流送電に使用されるサイリスタバルブ
[出典：日立評論 Vol.83, No.2 (2001) の図 4 と図 5]

（a）北海道 - 本州（北本連系）
30 万 kW

（b）本州 - 四国（紀伊水道直流連系）
140 万 kW

図 7.55　日本国内の直流送電ルート
[出典：森本雅之 著『よくわかるパワーエレクトロニクス』
（森北出版，2016）の図 13.14]

　日本国内には，前述の本州 – 四国間のほかに，本州 – 北海道間にも海峡をまたいだ海底ケーブルによる直流送電ルートがある．二つの海峡をまたぐ直流送電ルートを**図 7.55** に示す．海底ケーブル以外の地上送電には，架空線が用いられている．

7.5 産業・医療

　産業用機器や医療機器には，パワーエレクトロニクス技術を利用したものが数多くあり，活躍している．パワーエレクトロニクスの進展により，省エネルギー，生産性向上や高精度な位置決め制御，高度な透過診断などが実現されている．これらの機器には広く，コンバータ，インバータが利用されている．また，特殊な高電圧回路などにも，パワーエレクトロニクス技術が用いられている．

　本節では，放電加工機，産業用と医療用のレーザと X 線 CT について述べる．3 章，5 章，7.1 節と重複する内容もあるが，応用例として復習もかねて学んでいただきたい．

7.5.1 放電加工機

　放電加工 (EDM: electrical discharge machining) とは，電極と被加工物（ワーク）との間に火花放電を発生させ，そのアーク放電などによってワークの一部を除去する加工である．放電路の媒質には油や水を使うことが多い．

　図 7.56 に各種放電加工を示す．放電加工には使用する電極形状によって，形彫放電加工，**ワイヤ放電加工**，細穴放電加工などがある．図 7.56 (a) の形彫放電加工は，加工形状に合わせた電極をワークに押しつける方向に少しずつ移動しながら加工する．図 7.56 (b) のワイヤ放電加工は，金属ワイヤをワークに近づけていき，同じく放電によってワークを削り取っていく．ワイヤはボビンから供給され，ワークが移動して，ワイヤでカットするように加工を行う．図 7.56 (c) の細穴放電加工は，細い棒状の電極を近づけ加工穴を掘り進める．

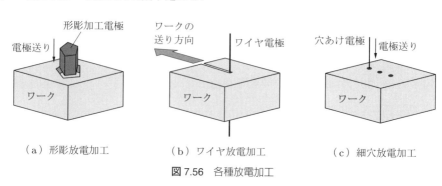

（a）形彫放電加工　　　（b）ワイヤ放電加工　　　（c）細穴放電加工

図 7.56　各種放電加工

　放電加工は，機械式の切削・切断加工とは異なり，電極とワークは非接触で，加工が行われる．図 7.57 に放電加工の概略を示す．回路はいたってシンプルである．直流電源を用いていて，加工電極側には負電圧を印加するようになっている．直流電源

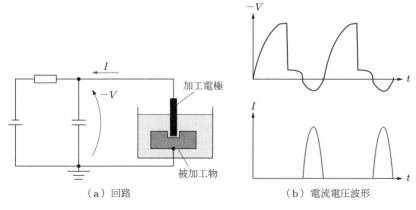

図7.57 放電加工の回路とパルス状電流電圧波形

の負極側に抵抗を接続，さらにコンデンサを負荷の加工電極に並列接続している．直流電源でコンデンサを負充電し，コンデンサの電圧が加工電極と被加工物間ギャップの絶縁破壊電圧に達すると，放電し，急激なインピーダンス低下で一気に放電電流が流れる．よって，直流電源を接続している回路であるが，負荷の放電はパルス状になる．このような繰り返しのパルス放電で加工を行っている．

図7.57の放電加工の電源回路では，放電周波数や放電電流が充電抵抗の制約を受けて任意に制御することができない．加工速度を向上させるためにも，高周波化は必要である．周波数を能動的に制御するためには，パワーデバイスを用いる必要がある．

古くから利用されている放電加工であるが，近年，パワーデバイス技術の進展でその電源回路にもパワーデバイスが適用されようになり，さまざまな回路が考案されている．**図7.58**は特許公開された回路例である．図7.58 (a) の回路図に示すように，フルブリッジのインバータとなっている．正負両極性の放電により放電集中による加工ムラが解消され高品質な加工が可能となる．薄く示したコンデンサと抵抗の記号は，放電時の容量成分と抵抗成分を表している．図7.58 (b) は，パワーデバイス $Q_1 \sim Q_4$ のスイッチングのゲート信号と放電電圧波形 V である．Q_1 と Q_4 のゲート信号パルス幅と Q_2 と Q_3 のゲート信号パルス幅を異なる値にし，エネルギー蓄積インダクタ L_1 と直列共振用のインダクタ L_2 を調整して，正負非対称の電圧波形が得られる．このように，放電への投入電力を能動的に調整して，高速で粗加工と微細加工の両方が可能となる．この回路は図7.56で示す3種類の放電加工に適用できる．

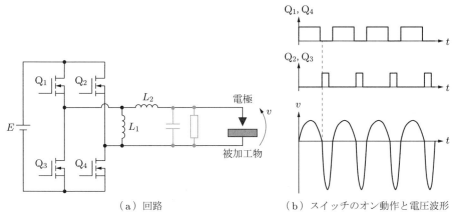

（a）回路　　　　　　　　　　　　（b）スイッチのオン動作と電圧波形

図 7.58　パワーデバイスを用いた高速放電加工
［特願 2012-197530 より］

7.5.2　レーザ

　レーザ (laser) は，指向性と収束性に優れた光（レーザ光）を発生させる装置であり，その励起回路には，パワーエレクトロニクス技術が用いられている．レーザは，産業用のほかに，医療用としても幅広く用いられており，種類としては，半導体レーザ (LD: laser diode)，YAG レーザ，炭酸ガス (CO_2) レーザ，エキシマレーザなどが挙げられる．これらレーザの励起回路はレーザの発振形態によって異なってくる．LD は電流による励起，YAG レーザは光励起，CO_2 レーザとエキシマレーザは電源回路による放電励起がほとんどである．CO_2 レーザ励起の電源回路の種類としては，直流電源，高周波電源，パルス電源がある．

　CO_2 レーザは，ガスレーザであり，放電励起により中赤外域（9.6 μm と 10.6 μm）に光の発振波長をもつ．産業分野においては，切断や溶接，穿孔などの加工装置として用いられる．一方，医療分野においては，レーザメスとして外科治療や歯科治療などに用いられている．加工用の CO_2 レーザは，高周波電源がよく利用される．**図 7.59** に CO_2 レーザ励起用の高周波電源の回路例を示す．大容量の場合は，三相交流から整流回路で直流変換して，高周波インバータで高周波の交流出力を変圧器を介してレーザ発振器に供給し，放電により励起する．インバータの動作周波数帯域は装置によって異なるが，100 kHz，2 MHz，13.56 MHz が用いられる．高電圧で励起する必要があるため，高周波の変圧器で昇圧する．また，負荷とのマッチングのために，インピーダンス整合回路を設けている．

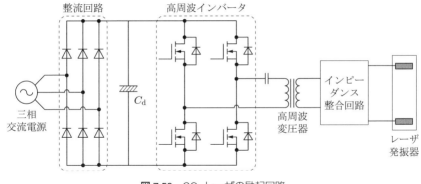

図 7.59 CO$_2$ レーザの励起回路

　産業や医療で活躍しているレーザ装置として, 希ガスとハロゲンを媒質ガスとして用いる**エキシマレーザ** (excimer laser) がある. エキシマレーザは, 媒質ガスの種類 (ArF, KrF, XeCl, XeF) に応じて, 真空紫外から紫外域 (193 nm, 248 nm, 308 nm, 351 nm) で発振する. CO$_2$ レーザと異なり, 熱を伴わない加工に適している. 産業用途としては, 半導体製造用のフォトリソグラフィーの光源や TFT 液晶のアニール, 薄膜作製などに利用されている. 一方, 医療用途としては, 視力矯正手術に利用されている.

　一般に, レーザの発振波長が短くなると, 励起回路へ高密度の電力を投入しなければならない. そのため, エキシマレーザを発振させるためには, **パルスパワー** (pulsed power) とよばれる特殊な電力を得るためのパルス電源が必要になる. **図 7.60** に, フォトリソグラフィー用エキシマレーザの励起用のパルス電源装置を示す. 200 V の三相交流から高電圧コンバータで数 kV の直流に変換して, コンデンサ C_0 を高速充電する. 高耐圧の IGBT スイッチで C_0 を放電し, 可飽和インダクタ (リアクトル) SI$_0$ で C_0 の放電電流位相を遅らせて, IGBT スイッチング時の損失を低減する磁気アシスト動作を行う. エキシマレーザは負極性で励起する必要があるため, パルストランスでマイナス数 10 kV にし, コンデンサ C_1 を共振充電する. 可飽和インダクタ SI$_1$ と SI$_2$ は, 磁気スイッチとして用いる. C_1 充電時, SI$_1$ は高インダクタンスで電流をブロックし, C_1 充電完了後, SI$_1$ が磁気飽和し, 低インダクタンスで導通状態となり, C_1 から C_2 に電荷転送される. C_2 から C_p への電荷転送も, SI$_2$ のインダクタンス変化により同様に行われる. 後段の可飽和インダクタの飽和インダクタンスを前段より小さくすることで, 多段の**磁気パルス圧縮**動作を行う. 最終的に, 電流パルス幅を 100 ns 以下に圧縮することで, 電流ピーク値を高め, 電力密度を MW 以上に高めている.

　フォトリソグラフィー光源用エキシマレーザと, その内部に収納されるパルス電源

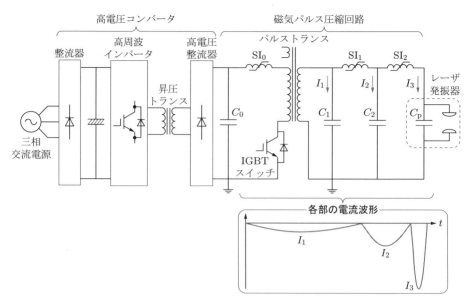

図7.60　エキシマレーザ励起用パルス電源装置

（a）磁気パルス圧縮ユニット

（b）高電圧コンバータユニット

（c）フォトリソグラフィー光源用
エキシマレーザ装置

図7.61　エキシマレーザの励起電源ユニットと本体外観
［資料提供：(a),(b)株式会社明電舎,(c)ギガフォトン株式会社］

ユニットの外観を，**図7.61**に示す．このレーザ装置は，マイクロプロセッサやメモリーの回路パターンを転写するLSIの製造に使用されており，今日の情報化社会を下支えしている．

7.5.3 X 線 CT

X 線 CT(X-ray computed tomography) スキャン装置は，波長 1 pm ～ 10 nm の X 線領域の電磁波を物質に照射して，その透過や吸収の状態をコンピュータを用いて画像化する撮影法である．コンピュータ断層撮影法，または物体を走査 (scan) する場合は CT スキャンともよばれる．非破壊検査装置などの産業用途や，病巣などを撮影診断する医療用途，動物用の診断装置としての用途など，さまざまな用途がある．

この X 線 CT スキャン装置にも，パワーエレクトロニクス技術が利用されている．X 線は，陰極から放出された電子などの負の荷電粒子を陽極ターゲットに向けて高電圧で加速・衝突させることで発生させる．**図 7.62** に，医療用 X 線 CT スキャン装置の電源構成と各部の波形を示す．商用の交流を整流し平滑化することで直流変換して，インバータで数 10 kHz の高周波交流をバーストパルス化制御し，変圧器で数 kV に昇圧する．さらに，**コッククロフト‐ウォルトン** (Cockcroft-Walton) **回路**とよばれる高電圧整流器で 100 kV ～ 150 kV に昇圧整流後，フィルタで平滑化して X 線管に出力する．この出力電圧で電子加速して陽極ターゲットに衝突させ，X 線を発生する．出力される直流パルスの時間は ms オーダーである．

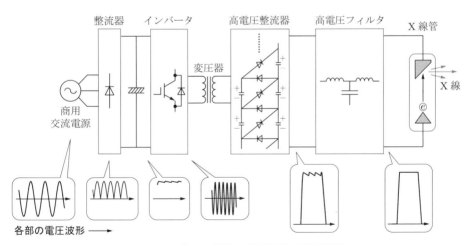

図 7.62　X 線 C T 装置の電源構成と各部の波形

Column　豊かな情報通信社会を支えるパルスパワー技術

　一つのシリコン半導体基板の上にトランジスタ，抵抗，キャパシタなどの機能をもつ素子を多数作り一つの回路とした，集積回路 (IC: integrated circuit) が，LSI → VLSI → ULSI と微細化されていき，その微細化技術の進展に伴い，コンピュータの頭脳であるプロセッサの高速処理やメモリーの大容量化に貢献していることはよく知られている．実装密度に応じて，LSI (large-scale integration)，VLSI (very large-scale integration)，ULSI (ultra large-scale integration) とよばれている．その微細化技術の核となるのが，フォトリソグラフィーあるいは半導体リソグラフィーとよばれる回路パターンを縮小露光転写する技術である．

　表7.3 に，微細化技術における光源と配線ピッチの変遷を示す．この表はリソグラフィー技術におけるデザインルールのロードマップとよばれるもので，DRAM とよばれるメモリーの集積回路における配線ピッチを指標として示している．表中の λ は光源の波長を示していて，波長が短いほど配線ピッチを短くすることができる．

表7.3　リソグラフィー技術におけるデザインルールのロードマップ

						96年以降の光源には高繰り返しパルスパワーが利用されている							
年	94	96	98	00	02	04	06	08	10	12	14	16	18
DRAMの配線ピッチ[nm]	350	250	180	130	115	90	70	65	45	32	?	22	?
i line （λ = 365 nm）													
KrF″ （λ = 248 nm）													
ArF″ （λ = 193 nm）													
ArFエキシマ液浸													
EUV （λ = 135 nm）							前倒しで開発を進めている						
EPL							多品種少量生産に対応						

DRAM: dynamic random access memory　　EUV: extreme ultra-violet
EPL: electron beam projection lithography

　現在主力露光光源として活躍しているのは，ArF エキシマレーザである．エキシマレーザは発振媒質によって波長が異なる．発振媒質の種類によらず，そのすべてのエキシマレーザの心臓部にはパワーデバイスを用いたパルスパワー発生回路が不可欠な存在となっている．配線ピッチを 1/2 にできれば，集積度は4倍になるのは，容易に想像がつくであろう．そのため，配線ピッチをいかに短くするかがフォトリソグラフィー技術の目指す課題である．配線ピッチは，1994年に 350 nm であったが，2016年には 22 nm に達している．2020年に世界中に感染拡大を引き起こした新型コロナウイルスの粒径が約 100 nm であるので，リソグラフィー技術の微細化がどれほど凄いのかがわかる．ちなみに，ノロウイルスの大きさが 30 nm 程度なので，現在のフォトリソグラフィー技術はノロウイルスよりも短い配線ピッチで集積化が行われているのである．

　図7.63 に，シリコンから最終製品群までの製作工程の概略を示す．半導体材料として

高純度単結晶シリコンが必要である．これは 99.999999999% というイレブンナイン（9が 11 個並ぶ）の超高純度である．このインゴットの直径も大口径化が進み，現在では450 mm 直径のシリコンウエハに対応するまでになっている．大口径化により，1 枚のウエハから取れるチップの数が増し，量産化に対応している．フォトレジスト（感光性樹脂）を塗布後，エキシマレーザを光源とするフォトリソグラフィーによる集積回路作製を行う．集積回路はコンピュータの CPU，各種マイクロプロセッサやメモリーなどにパッケージ化，実装され，最終製品に組み込まれていく．これらの製品群が高度に発達した現代の情報通信社会を支えている．

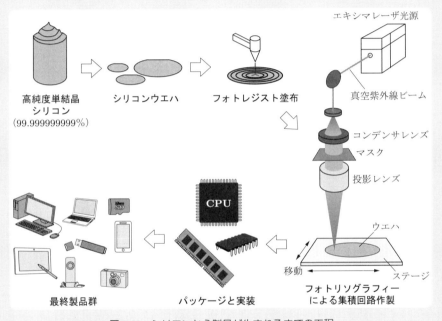

図 7.63　シリコンから製品が生まれるまでの工程

ICT，IoT，AI，ビッグデータなどの情報通信技術は，フォトリソグラフィー技術なしでは実現できない．エキシマレーザが核になり，フォトリソグラフィー技術が発達し，エキシマレーザの心臓部にはパワーデバイスを用いたパルスパワー回路が不可欠である．

▎演習問題

7-1 三端子シリーズレギュレータの基本回路を図示し，入力と出力の電圧について説明せよ．

7-2 IGBTとダイオードを用いたスイッチングレギュレータについて，以下の設問に答えよ．
　(1) 単相フルブリッジのインバータを用いたスイッチングレギュレータの基本回路を図示せよ．
　(2) インバータを高周波化するのはなぜか説明せよ．

7-3 図7.64の（ア）～（エ）に示す，無停電電源装置の方式名を答え，通常使用時と停電時の電力の流れを図示し，その特徴を説明せよ．

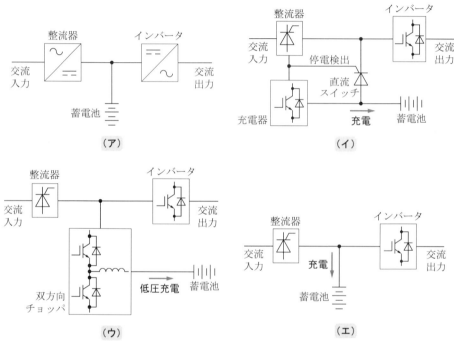

図7.64

7-4 下記説明文の（ア）～（エ）は何か答えよ．

電力系統には，さまざまな機器が接続されることで高調波電流が流れ，電力の品質劣化と接続されている機器への障害が発生する．受動素子である（**ア**）や（**イ**）を用いたLCパッシブフィルタで高調波抑制しているが，これに代わり自励式インバータを用いて（**ウ**）を流して系統における高調波を相殺するのが（**エ**）である．

7-5 直流モータの可変速駆動について，以下の設問に答えよ．

   (1) 直流電源，チョッパ，直流モータ，界磁巻線を含む，直流モータの駆動回路を図示せよ．

   (2) 直流モータのトルク T，出力 P，回転速度 ω の関係を式で示せ．ただし，界磁巻線の磁束を ϕ，電機子電流を I_a，定数を k とする．

7-6 誘導モータの可変速制御では，トルクを一定にするが，そのとき電圧 V と周波数 f は $V/f =$ 一定の運転をする必要があることを説明せよ．また，誘導モータのトルク–速度特性と電圧–速度特性を図示せよ．

7-7 図 7.65 に示すシリーズ / パラレルハイブリッド電気自動車のシステム構成中の（ア）～（オ）の装置名を答えよ．

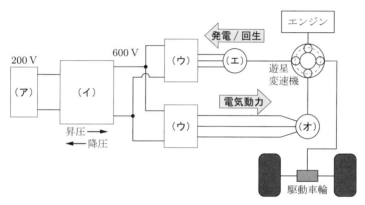

図 7.65 シリーズ / パラレルハイブリッド自動車のシステム構成

7-8 IH クッキングヒータとよばれる共振型インバータを用いた調理器の IH は，英語の頭文字である．IH のフルスペルと日本語訳を答えよ．また，この調理器の加熱原理を説明せよ．

7-9 住宅用太陽光発電システムの下記説明文を読んで，（ア）～（ウ）に入る装置名称を答えよ．さらに，このシステムの主回路図を描け．

> 太陽電池は pn 接合をもつ半導体で，一つの pn 接合では 0.6 V の電圧である．多数の直並列接続された pn 接合をもつ太陽電池モジュールがあり，負荷の電圧・電流に対応していて，これを複数個直並列接続した（**ア**）で 200 V 程度の直流電圧として取り出している．直流電圧は 350 V 程度になるように（**イ**）を用いて電圧変換制御を行い，交流出力を得るために方形波電圧のパルス幅を変化させることで，容易に電圧可変，周波数可変が行える（**ウ**）で系統連系するための出力電圧を制御している．出力電圧を平滑にするためのフィルタもついている．

7-10 直流送電について，交流送電と比較した長所を列挙せよ．

演習問題解答 ———————————————

◆第1章◆

1-1 不純物を含まない真性半導体に不純物として，価数の多い元素を添加して電子過多（電子が多数キャリヤ）となる結晶構造の半導体を n 形半導体，逆に，価数の少ない元素を添加して正孔が多数キャリヤとなる結晶構造の半導体を p 形半導体という．

※詳細は 1.1.2 項を参照

1-2 空乏層（図 1.7 参照）．

1-3 電位障壁（電流が流れ始めるのはシリコンでは約 0.7 V）．

1-4 急な逆電流の電圧：降伏電圧またはアバランシェ電圧．
逆電流が流れる領域：降伏領域またはアバランシェ領域．

1-5 アバランシェダイオード（おもに高電圧で利用）とツェナーダイオード（低電圧で利用）．

1-6 空乏層が逆回復するまで流れ続ける現象：少数キャリヤ蓄積効果．
逆電流が流れてから回復するまでの時間：逆方向回復時間．

1-7 高速に逆電流から回復するダイオード：ファストリカバリダイオード．
高速回復時のサージ電圧対策を施したダイオード：ソフトリカバリダイオード．

1-8 図 1.14 を参照．ショットキーバリヤダイオードは，pn 接合ダイオードに比べて順方向電圧降下が低くスイッチングが速いという利点がある反面，高耐圧化が困難で逆方向の漏れ電流が大きい．

1-9 **解表 1.1** のとおり．

1-10 基本構造は図 1.33 を参照．正の電圧を加えると，コンデンサの原理で絶縁層に正の電荷がチャージされ，その絶縁層に接する p 層には負の電荷がチャージされる反転層（チャネル）が形成される．反転層の導電率は反転層のキャリヤ密度で決まる．反転層の形成により，ドレーンとソースの間は電気的に導通（電子電流による）になる．このチャネルの厚さはゲート電圧 V_{GS} に依存するので，V_{GS} の調整である程度の制御が可能である．ゲート電圧でオン／オフする**電圧制御型**デバイスである．このような電圧制御型のデバイスは，チャネルによる導通領域の形成が高速に行えるので，一般に電流制御型デバイスよりも高速スイッチングが行える．さらに，ユニポーラデバイスでは少数キャリヤ蓄積効果がなく，ターンオフ時間が短い特徴がある．反面，ドレーン－ソース間電圧 V_{DS} の値を大きくしてもドレーン側のチャネルが細くなるピンチオフ現象により，ドレーン電流 I_D の上昇が頭打ちになる飽和領域が現れる（図 1.34，図 1.35 参照）．

1-11 図 1.38 (b) を参照．

解表 1.1

| 種類 | 図記号 | 入力信号による制御 | | デバイス形態 | 駆動方法 | 動作領域 |
		ターンオン	ターンオフ			
【例】SI サイリスタ		○	○	自	I	G
サイリスタ		○	×	ラ	I	A
GTO サイリスタ		○	○	自	I	B
バイポーラトランジスタ		○	○	自	I	C
IGBT		○	○	自	V	C
MOSFET		○	○	自	V	D
トライアック		○	×	ラ	I	E

1-12　基本構造は図 1.38 (a) を参照．オン / オフ制御は，MOSFET と同様に，ゲートに電圧を印加することで行う．ターンオンする場合はゲートに正電圧を印加する．ゲート直下の p^+ 層に負の電荷が蓄積され，チャネルを形成することで導通状態となる．コレクタ－エミッタ間電圧 V_{CE} が印加されていると，エミッタの n^+ 層から電子がチャネルを通過してコレクタ側の p 層に移動し，一方，p 層から正孔がエミッタ側の n^+ 層に移動する．よって，コレクタ電流 I_C が流れる．IGBT をターンオフするには，ゲート電圧を 0 にするか，負の電圧を印加して電荷を引き抜けばよい．ゲートの電子電流はゲート電圧の変

化に追随するが，pnp トランジスタを流れる正孔電流は n ベース層の蓄積キャリヤが排除されるまで流れるため，IGBT のターンオフは MOSFET に比べると遅くなる．コレクタからエミッタまでの電流のパスが長いため，半導体の抵抗が大きくなり，順電圧降下が大きくなる．

1-13　パワーモジュール (PM: power module) とは，ダイオードやトランジスタなどの複数のパワーデバイスを製造段階で用途に応じた組み合わせで複数の素子をパッケージ化されたものを指す．パワーモジュールのインテリジェント化については，IGBT などのMOS ゲート構造デバイスの出現で，メインデバイスを駆動するゲート回路が小型小電力となり，さらにデバイスの電流，温度を検出する状態監視回路を内蔵し，自己保護機能をもったインテリジェントパワーモジュール (IPM: intelligent power module) が普及している．IPM はインバータ，太陽光発電システム，風力発電システム，電気自動車，ハイブリッド電気自動車，そのほかにエアコン，などと幅広く利用されている．

1-14　次世代半導体材料としてのワイドバンドギャップ半導体の材料には，シリコンカーバイド (SiC)，ガリウムナイトライド (GaN)，ダイヤモンドがある．SiC と GaN は一部市販品がある．表 1.1 を参照．

◆第 2 章◆

2-1　電流駆動型デバイス：サイリスタ，GTO サイリスタ，トライアック，
　　　　　　　　　　　　　バイポーラトランジスタ．

　　　電圧駆動型デバイス：MOSFET，IGBT．

2-2　図 2.1 を参照．

2-3　図 2.4 を参照．

2-4　ゲート回路は図 2.5 を参照．MOSFET や IGBT には，導通路であるチャネルを効果的に形成するためのゲート–ソース間の電荷量 (Q_{gs}) が決まっている．ゲート抵抗 R_G は，各パワーデバイスのゲート条件（ゲート–ソース間の電圧と静電容量を考慮したもの）に応じて決めなければならない．

2-5　解図 2.1（図 2.7）のように，逆並列ダイオードを接続する．

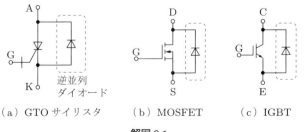

（a）GTO サイリスタ　　（b）MOSFET　　（c）IGBT

解図 2.1

2-6 **解図** 2.2（図 2.10）を参照．Q として示した IGBT のコレクタ‐エミッタ間に取り付けたスナバ回路を示す．図 (a) の RC スナバ回路は，抵抗とコンデンサだけの最も簡単な構成である．サージの吸収を C_s が行う．C_s の容量を大きく，R_s の抵抗値を小さくすると，サージ吸収の効果があるが，損失も振動も増加する．逆に，C_s を小さく，R_s を大きくすると，損失は抑えることができるが，元の電圧への復帰が遅くなる．図 (b) の RCD スナバ回路は，スナバ抵抗をバイパスするようにスナバダイオードを付けたものである．R_s を介さず C_s がサージ吸収できるので，サージ吸収効果は大きいが，RC スナバ回路と同様に，損失が大きいのが欠点である．図 (c) は充電型 RCD スナバ回路とよばれるもので，この図はハイサイドとローサイドの両方にスイッチ Q をもつ場合である．C_s の容量に応じてサージ吸収効果があり，サージの分だけの損失となるので，ほかのスナバ回路より低損失となる．

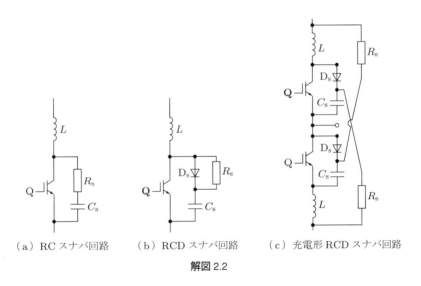

（a）RC スナバ回路　　（b）RCD スナバ回路　　（c）充電形 RCD スナバ回路

解図 2.2

2-7 サージ発生の原因がインダクタンスに由来する電圧 $= L\,(dI/dt)$ となるものなので，スイッチンググループの寄生インダクタンスを低減する．または，ターンオフのスイッチングを電流の流れていないタイミングで行う．または，ターンオフ時の dI/dt を低減するように，スイッチング時間を長くする．

2-8 熱流量，温度差，熱抵抗に相当する．図 2.13 を参照．

2-9 スイッチングデバイスの導通損失とスイッチング損失があり，スイッチング損失にはターンオン損失とターンオフ損失がある．図 2.11 を参照．

◆第 3 章◆

3-1 図 3.2 (b) を参照．

3-2 環流ダイオード（フリーホイーリングダイオード）．はたらきとしては，サイリスタがオフした後も L に蓄積されたエネルギーが電力として放出され，D_F によりがダイオード電流 i_{DF} を流すことができる．図 3.11 (b) を参照．

3-3 ダイオードブリッジを用いた場合は**解図**3.1 のとおり．サイリスタブリッジを用いた場合は図 3.12 を参照．ダイオードブリッジによる整流では，L がどんな値でも負への反転電流は流れない．一方，サイリスタブリッジによる整流では，インダクタンス L があると，電圧 v_d はマイナス側に反転する．このとき，π から $\pi+\alpha$ の区間においてもサイリスタ Q_1 と Q_4 は誘導性負荷のため負電圧でも導通状態維持され，$\pi+\alpha$ で Q_2 と Q_3 が導通状態になる．また，L が十分大きい場合には，負荷電流 i_d は連続的に流れる（図 3.12 (b) の中図参照）．

3-4 混合ブリッジ回路とデバイスの導通タイミングおよび出力波形は，**解図**3.2 のとおり．

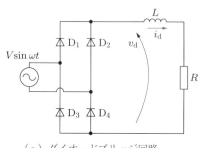

（a）ダイオードブリッジ回路

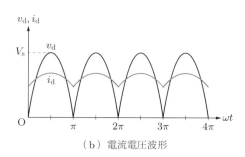

（b）電流電圧波形

解図 3.1

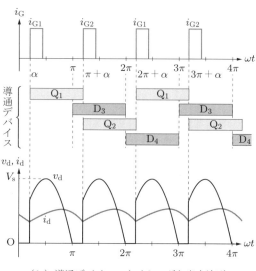

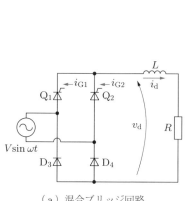

（a）混合ブリッジ回路

（b）導通デバイスのタイミングと出力波形

解図 3.2

3-5 制御角 α が $\pi/2$ を超えると，平均出力電圧は負になる.

3-6 ブロック図は**解図** 3.3 のようになる．国内における異周波数変換としては，佐久間周波数変換所，新信濃変電所，東清水変電所がある．

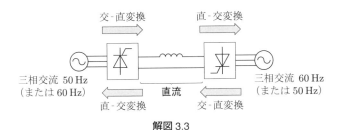

交-直変換　　　　直-交変換

三相交流 50 Hz
（または 60 Hz）

直流

直-交変換　　　　交-直変換

三相交流 60 Hz
（または 50 Hz）

解図 3.3

◆**第 4 章**◆

4-1 図 4.1 を参照.

4-2 図 4.2 を参照.

4-3 図 4.4 を参照.

4-4 交流入力で交直変換器を介さず直接別の周波数の交流出力を行う直接式変換器（4.4 節参照）．一般工業用としては，数 1000 kW 級の鉄鋼用圧延用交流モータがある．また以前には，磁気浮上式鉄道（リニアモータカー）電源があった．

4-5 単相入力単相出力としては，図 4.7 に示す定比式サイクロコンバータがある．ほかに，**解図** 4.1 (a) に示すブリッジ回路構成で正群スイッチと負群スイッチを交互に動作することで，交流 - 交流変換を行うことができる．動作波形は，1/4 分周とした例では，解図 4.1 (b) のようになる．

4-6 三相入力で単相出力の場合，正群と負群にそれぞれサイリスタが 6 素子必要である．出力が 3 相だとその 3 倍全体で 36 個のサイリスタを必要とする．回路図は図 4.9 を参照.

4-7 別名は PWM 制御サイクロコンバータ．回路図は図 4.10 を参照．図 4.10 に示すように，自己消弧能力を有する双方向スイッチをもつ．動作波形は図 4.12 を参照.

◆**第 5 章**◆

5-1 （ア）他励式，（イ）電圧型，（ウ）電流型，（エ）直列共振型，（オ）並列共振型.

※（イ）と（ウ），（エ）と（オ）はそれぞれ逆でも可

5-2 図 5.6 を参照.

5-3 レグとアームは**解図** 5.1 のようになる.

5-4 上側（ハイサイド）のアームと下側（ローサイド）のアームが同時に導通することで抵抗などの負荷を介さず電源を短絡することを，アーム短絡という．その防止策としては，ハイサイドとローサイドのアームが同時にオンしないようにデッドタイム（たとえば，

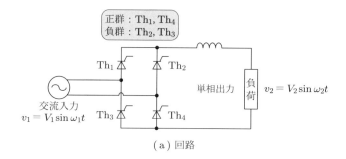

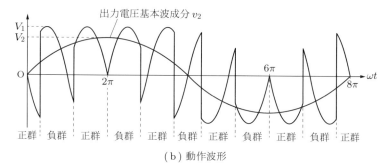

解図 4.1

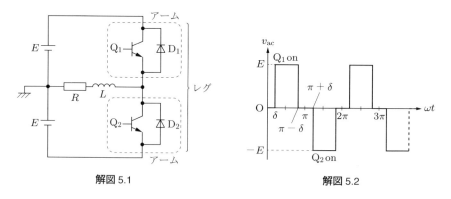

解図 5.1 解図 5.2

オン動作を δ だけ遅らせ，逆にオフ動作を δ だけ早める）を設けて，**解図 5.2** のように動作させる．

5-5　pulse width modulation. PWM とはパルス幅変調のことで，スイッチングのデバイスのオン / オフ制御のパルス信号のパルス幅を変化させることである．この制御方式を用いたインバータを PWM インバータという．5.5 節を参照．

5-6　図 5.12 (c) を参照．

5-7　図 5.13 (b) を参照．各相間の線間電圧は省略．

5-8　たとえば，図 5.14 および図 5.15 を参照．ほかに**解図** 5.3 のような回路もある．

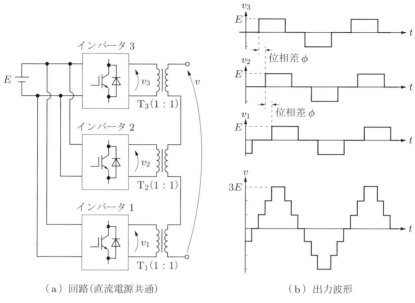

（a）回路(直流電源共通)　　　　　（b）出力波形

解図 5.3

5-9　図 5.16 を参照．

◆**第 6 章**◆

6-1　直流を別の電圧の直流に変換する回路には，**解図** 6.1 に示す，降圧チョッパ回路，昇圧チョッパ回路などがある．変圧器をもたない降圧チョッパ回路（図 (a)）と昇圧チョッパ回路（図 (b)）では入力側と出力側において絶縁されていないのに対して，変圧器をもつ DC-DC コンバータ回路（図 (c)）では入出力間の絶縁が確保できる．

6-2　高周波化すればよい．

6-3　1 石フォワードコンバータにおいて変圧器の励磁側電圧は単極性となるので，逆バイアス磁界を変圧器に与えなければ磁気飽和する．そのため，逆バイアス磁界を発生するためのリセットが必要となる．

6-4　図 6.4 のフライバックコンバータの回路と各設定値は，**解図** 6.2 のようになる．
平均出力電力 P_2 は $V_R^2/R = 50$ W であり，回路の損失は無視でき 100% の変換効率だとすると，入力の平均電力 P_1 は P_2 と等しい．トランスの 1 次巻き線に蓄えられる励磁エネルギーは

$$E_{\mathrm{N1}} = \frac{1}{2} L_1 I^2 = \frac{1}{2} L_1 (i_{\mathrm{Q}})^2$$

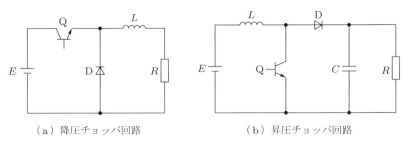

（a）降圧チョッパ回路 （b）昇圧チョッパ回路

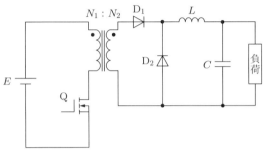

（c）1石フォワードコンバータ回路

解図 6.1

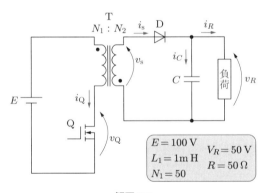

解図 6.2

であり，電力値は

$$P_1 = P_2 = E_{N1} f_r$$

となる．ここで，f_r は周波数である．また，

$$E = L_1 \frac{di}{dt} = L_1 \frac{i_Q}{t_{off}}, \qquad t_{on} = \frac{4L_1}{E^2} P_1$$

である．以上より，$t_{on} = 20\,\mu s$ なので，デューティファクタ $1/2$ より $t_{off} = 20\,\mu s$ である．

また，周波数は

$$f_\mathrm{r} = \frac{1}{2t_\mathrm{on}} = 25 \text{ kHz}$$

となる．ここで，等アンペアターンの法則が成り立つので，

$$V_R = \left(\frac{N_2}{N_1}\right)^2 L_1 = \left(\frac{N_2}{N_1}\right)\frac{L_1 I_S}{t_\mathrm{off}}$$

より，

$$\frac{N_2}{N_1} = \frac{V_R}{L_1 I_Q} t_\mathrm{off} = 0.5$$

である．よって，トランス 2 次側巻き線の巻き数は $N_2 = 0.5 \times 50 = 25$ となる．
各部波形は**解図** 6.3 のとおり．

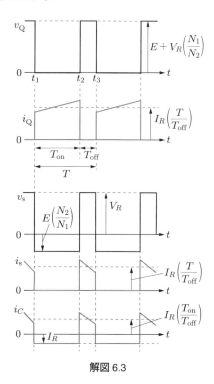

解図 6.3

6-5　フライバックコンバータはエネルギーをトランスに蓄積し，スイッチのオフ動作で出
　　力するので，トランスの容量，つまりコアの体積に依存する．そのため，大電力の電源
　　としては不向きで，比較的小さな電力の電源として利用される．

6-6 ハーフブリッジはスイッチング素子の数がフルブリッジの半分でよいが，直流電圧を
各アームで分担するため，均等分担の場合，変圧器入力の1/2の電圧となる．対して，
フルブリッジは電圧分担する必要がないので，1次側の電圧は直流電源電圧値と等しい．

◆第7章◆

7-1 基本回路は図7.3を参照．通常，入力電圧を出力電圧より高くする．入出力の電圧差
分は熱損失となるが，ある程度の電位差がないと，安定した出力電圧が得られない．

7-2 （1）図7.6を参照．
（2）変圧器を小さくするため．

7-3 （ア）常時商用給電方式，（イ）直流スイッチ方式，（ウ）双方向チョッパ方式，
（エ）フロート方式．
　（ア）では，**解図7.1**のような電力の流れになる．（イ）～（エ）の電力の流れについては，
図7.14を参照．
　（ア）は，通常はスイッチを介してそのまま負荷に給電し，停電時はスイッチでインバ
ータ側に切り換えて蓄電池からの電力を交流に変換して供給するので，常時使用時は損
失がなく経済的である．
　（イ）は，通常使用時はダイオード整流器を用い，高力率で効率良く運転し，経済的で
ある．専用充電器で蓄電池を充電し，停電時には直流スイッチを導通させ，蓄電池から
電力を供給する．
　（ウ）は，昇降圧可能な双方子チョッパで，充電時には降圧チョッパとして蓄電池を低
電圧で充電し，停電時には昇圧チョッパとして蓄電池の電力を昇圧して供給する．蓄電
池の定格電圧を低くできるため，初期コストを低減できる．
　（エ）は構成がシンプルでサイリスタ整流器は充電器の役割も担い，小容量から大容量
まで幅広く適用されている．

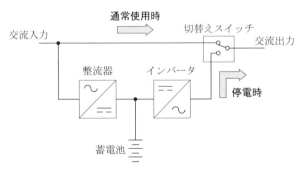

解図7.1

7-4 （ア）キャパシタ（コンデンサ），（イ）インダクタ（リアクトル），（ウ）逆極性電流，
（エ）アクティブフィルタ　　　　　　　　　　　　　　　　※（ア）と（イ）は逆でも可

7-5 （1）図 7.21 を参照.

（2）トルクは $T = k\phi I_\mathrm{a}$, 出力は $P = \omega T = \omega k\phi I_\mathrm{a}$.

7-6 トルク T は 2 次電流 I_2 と 2 次導体の鎖交磁束 ϕ の積に比例するから,

$$T \propto \phi \cdot I_2 = \frac{f_\mathrm{s}}{2\pi R_2}\left(\frac{E}{f}\right)^2$$

となる. ここで, E は誘起電圧で, これより $V/f =$ 一定の運転でトルク一定となる. また, 誘導モータのトルク - 速度特性と電圧 - 速度特性は, **解図** 7.2 のようになる. このように, 誘導モータを制御するのに可変電圧可変周波数 (VVVF: variable voltage and variable frequency) 制御可能なインバータが必要である.

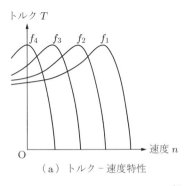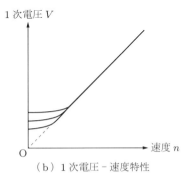

解図 7.2

7-7 （ア）バッテリー（蓄電池）,（イ）双方向 DC-DC コンバータ,（ウ）インバータ,（エ）誘導発電機,（オ）誘導モータ.

7-8 induction heating（誘導加熱）. 原理としては, 加熱コイルに高周波電流を流すことで磁束を発生し, その磁束を打ち消す方向に磁界が発生するため, 絶縁プレートの上にある鍋底に渦電流 (eddy current) が流れ, この高周波の渦電流で抵抗加熱する.

7-9 （ア）太陽電池アレー,（イ）昇圧チョッパ,（ウ）電圧型 PWM インバータ. システムの主回路図は図 7.50 を参照.

7-10 ① 発電機の位相差角の差による安定度問題は生じない.

② 50 Hz と 60 Hz のような異周波数系統間の連係に問題が生じない.

③ 電力変換装置のゲート制御により電力制御が高速に行える.

④ 直流なので有効電力のみ送電できる.

⑤ 交流のように正負の電位差がなく, 直流だと波高値と等しい直流電圧がかけられるため, 絶縁が楽になる.

⑥ 送電ケーブルは正負 2 極でよいので, 送電設備の利用度が高く経済的である.

参考文献

◆全体を通して◆

［1］ John G. Kassekian, Martin F. Schlecht, George C. Verghese, "Principles of Power Electronics", Addison-Wesley (1991).

［2］ 江間敏，高橋勲，「パワーエレクトロニクス」，コロナ社 (2002).

［3］ 大野榮一，小山正人 編著，「パワーエレクトロニクス入門 改訂 5 版」，オーム社 (2015).

［4］ 森本雅之，「よくわかるパワーエレクトロニクス」，森北出版 (2016).

［5］ CQ 出版社，「実践パワー・エレクトロニクス入門」，トランジスタ技術 SPECIAL，No. 54 (1996).

［6］ 金東海，「パワースイッチング工学」，電気学会 (2003).

◆序章◆

［7］ 矢野昌雄，打田良平，「我が国におけるパワーエレクトロニクスの歴史」，電気学会論文誌 A Vol. 121-A，No. 1 (2001).

［8］ William E. Newell : "Power Electronics Emerging from Limbo", IEEE Trans. IA-10, No. 1, pp. 7-11 (1974).

◆第 1 章◆

［9］ 三菱電機カタログ PSS75SA2FT.

［10］ 富士時報 Vol. 71，No. 2 (1998).

［11］ 佐久川貴志，「パワーデバイスと磁気スイッチを用いたパルスパワー発生装置と最近の応用」，プラズマ・核融合学会誌 Vol. 94，No. 4，pp. 202-209 (2018).

［12］ 四戸孝，「SiC パワーデバイス」，東芝レビュー Vol. 59，No. 2，pp. 49-53 (2004).

◆第 2 章◆

［13］ CQ 出版社，「パワー・エレクトロニクス技術教科書」，トランジスタ技術 SPECIAL，No. 125 (2014).

◆第 4 章◆

［14］ 堀孝正 編著，「パワーエレクトロニクス」，オーム社 (2008).

◆第6章◆

[15] 電気学会・半導体電力変換システム調査専門委員会 編，「パワーエレクトロニクス回路」，オーム社 (2000).

[16] 戸川治朗，「スイッチング電源のコイル / トランス設計」，CQ 出版社 (2012).

◆第7章◆

[17] エレクトリックマシーン & パワーエレクトロニクス編纂委員会 編，「エレクトリックマシーン & パワーエレクトロニクス［第 2 版］」，森北出版 (2010).

[18] 松瀬貢規，齋藤涼夫，「基本から学ぶ パワーエレクトロニクス」，電気学会 (2012).

[19] 明電時報 2010 No. 1，通巻 326 号.

[20] 明電時報 2012 No. 3，通巻 336 号.

[21] 自動車技術会論文集，Vol. 50，No. 5，(2019.9).

[22] 電気学会論文誌 J.IEE Japan，Vol. 121，No. 7.

[23] 独立行政法人 新エネルギー・産業技術総合開発機構 編，「NEDO 再生可能エネルギー技術白書 第 2 版」，森北出版 (2014).

[24] 東芝レビュー Vol. 55，No. 7 (2000).

[25] 日立評論 Vol. 83，No. 2 (2001).

索　引

著者略歴

佐久川　貴志（さくがわ・たかし）

1989 年　九州大学 大学院 修士課程修了
1989 年～2004 年　株式会社明電舎 総合研究所 勤務
2004 年　熊本大学 地域共同研究センター 助教授
2009 年　熊本大学 大学院自然科学研究科 准教授
2014 年　熊本大学 パルスパワー科学研究所 教授
2020 年　熊本大学 産業ナノマテリアル研究所 教授
　　　　　現在に至る．博士（工学）

編集担当　村瀬健太（森北出版）
編集責任　富井　晃（森北出版）
組　　版　ディグ
印　　刷　同
製　　本　協栄製本

パワーエレクトロニクス　　　　　　　　　　　　© 佐久川貴志　*2020*

2020 年 11 月 6 日　第 1 版第 1 刷発行　【本書の無断転載を禁ず】

著　　者　佐久川貴志
発 行 者　森北博巳
発 行 所　森北出版株式会社
　　　　　東京都千代田区富士見 1-4-11（〒 102-0071）
　　　　　電話 03-3265-8341／FAX 03-3264-8709
　　　　　https://www.morikita.co.jp/
　　　　　日本書籍出版協会・自然科学書協会　会員
　　　　　JCOPY〈（一社）出版者著作権管理機構 委託出版物〉

落丁・乱丁本はお取替えいたします．

Printed in Japan／ISBN978-4-627-77061-4